引泾记之碑文篇

张发民　刘璇　编

黄河水利出版社

图书在版编目（C I P）数据

引泾记之碑文篇 / 张发民， 刘璇编. — 郑州 ：黄河水利出版社，2016.7

ISBN 978-7-5509-1461-2

Ⅰ.①引… Ⅱ. ①张… ②刘… Ⅲ. ①水利工程－史料－汇编－陕西省 Ⅳ. ①TV-092

中国版本图书馆 CIP 数据核字（2016）第 164518 号

组稿编辑：张倩　　电话：13837183135　　QQ：995858488

出 版 社：黄河水利出版社

地址：河南省郑州市顺河路黄委会综合楼 14 层　邮编：450003

发行单位：黄河水利出版社

发行部电话：0371-66026940、66020550、66022620（传真）

E-mail：hhslcbs@126.com

承印单位：郑州龙洋印务有限公司

开本：787mm×1092mm　1/16

印张：16.25

字数：160 千字　　印数：1-1000

版次：2016 年 7 月第 1 版　　印次：2016 年 7 月第 1 次印刷

定价：48.00 元

序

二十世纪末，我曾带领中日合作历史地理研究课题《中国黄土高原的都市与环境》团队，赴泾惠渠与洛惠渠进行现地调研。当时获赠《历代引泾碑文集》与《渭南地区水利碑碣集注》等，如获至宝，也成为中日合作课题及后来我主持国家社会科学基金课题《渭河平原水利开发的历史地理学研究》的重要参考文献。这些史料在关中水利社会史研究方面特受欢迎，在书店里却难以购置，不少研究者包括中国香港、台湾，日本、美国的学者就在我这儿借阅、复印。

现在，陕西水利博物馆的学者在前人编注研究的基础上，对记载历代引泾灌溉工程的水利碑文进行拍照、录文、编校、注释与翻译，再加上纪念李仪祉先生的部分楹联、题词等，汇编为《引泾记之碑文篇》出版发行，真是学术界的幸事。张发民馆长嘱余校正一遍并作序推介，本着对此书的喜爱及较早阅读的缘分，我总结本书的主要特点，供读者参考。

第一，本书内容丰富，碑文收集齐全。全书分为古代、近现代、楹联及名人题词三大部分。古代收录唐宋明清碑文共二十三篇。其中《高陵令刘君遗爱碑》《丰利渠开渠记略》《开修洪口石渠题名记》等古代泾惠渠碑文，是从其他文集和志书中收集的。现代部分收录了后人歌颂李仪祉先生及泾惠渠的十一篇碑文。楹联及题词是部分名人为纪念李仪祉先生所作，共十幅。全书总计四十四篇（幅）。

第二，本书拓录标注译完备，基础研究系统。最前面为碑刻的拓片，呈现最真实的文化遗产，供研究者深入研读。其次是录文，并进行了标点，对自然剥蚀和人为破坏等造成碑文字迹残缺、隐约难辨的疑难字词甄别校正，恢复了碑文原貌。接下来是注释，对水利专业与灌溉工程技术名词以及相关人物、官职等进行了基本考证，给予了简要说明。再下来是立碑背景，主要介绍碑文撰写、碑石刊刻、立碑地与现存点、基本内容与重要价值，使读者对碑文的历史地理有个全面的了解。最后是译文，对碑文进行了现代汉语的翻译，以便更多的读者阅读利用。既有拓片、注释，照顾到碑刻史料的原真科学性；又进行背景说明与翻译，实现了本书弘扬水利文化的普及应用性。

第三，本书有益学林，会极大地推进陕西水利文化的研究。历代引泾灌溉工程是中国北方唯一持续两千多年的伟大水利工程。公元前二四六年，秦国开始修郑国渠，约十年后渠成，司马迁在《史记》中肯定其伟大功绩：『渠就，用注填阏之水，溉泽卤之地四万余顷，收皆亩一钟。於是关中为沃野，无凶年，秦以富强，卒并诸侯，因命曰郑国渠。』是郑国渠奠定了秦统一六国建立中国第一个中央集权封建王朝的经济基础，其后汉武帝修六辅渠、白渠，以至北朝郑白渠、唐三白渠、宋丰利渠、元王御史渠、明广惠渠、清龙洞渠持续不断，到民国年间一代水利大师李仪祉先生利用现代科技手段建成泾惠渠，开创了引泾灌溉的新局面，影响直到今天。中华人民共和国建立以后，陕西水利也曾经历过辉煌的发展阶段，二十一世纪随着中国经济的腾飞，水利事业又注入了新的活力。陕西省水利厅领导及相关专家学者提倡『总结秦人治水在秦汉、隋唐、近现代多次走在全国前列的经验』，研究传统水利技术与文化，本书必将发挥更大的作用。本书碑文上起唐代，内容以灌溉工程建设纪实为主，兼及管理规章、用水则例以及人物功绩之类，同时也涉及对前代水利工程技术的总结，反映出历史时期学者们水利研究的最新观点。故不仅是当代水利建设的实录，为我们留下了唐宋明清民国时代引泾灌溉工程的研究史料，而且也为我们研究通史性引泾灌溉事业的发展奠定了基础。同时，这些碑刻就其文字内涵及其书法石刻艺术而言，又属难得之文学艺术与历史文物佳品，其价值又扩展到水利创造的文化层面。

历代引泾灌溉水利工程的持续发展及古人撰文纪功并刻石永存的传统给我们留下了弥足珍贵的文化遗产。一九六四年泾惠渠渠首站碑亭的建立与一九七八年李仪祉陵园碑刻的修复及其后开修水利史志整理相关碑文，使历代引泾碑石得到了集中保护与出版。现在重新修订再次公开出版发行，也为陕西省水利碑石的保护、整理与出版作出了榜样。我期望陕西省甚至于全国各地的水利碑石都能够像这样经过系统的拓印、录校与注释后出版面世。

李令福

二〇一六年六月四日

注：李令福，陕西师范大学西北历史环境与经济社会发展研究中心副主任，研究员，博士生导师。

前言

千年郑国，百年仪祉。引泾历史，源远流长。

公元前二四六年，秦修郑国渠，民以富强，卒并诸侯，促成中国第一个中央集权封建王朝的建立。其后的两千二百六十多年里，历朝历代均在其基础上续修不绝。汉修白渠，唐修三白渠，宋修丰利渠，元王御史渠，明广惠渠，清代拒泾引泉，改名龙洞渠。直到民国时期，一代水利先驱李仪祉先生采用现代科学技术，重修引泾工程，取名泾惠渠并延用至今。

在今张家山泾河谷口处约十平方公里范围内，还较为完整地保存着郑国渠、广惠渠、丰利渠、龙洞渠等多处古渠口遗址。这些成年代序列依次排列的古渠口遗址，真实记述了两千二百六十年来引泾灌溉历史的变迁。同时，在泾惠渠张家山渠首、陕西水利博物馆、碑林博物馆等处，现存二十四通碑石，详细记载了当时引泾工程修建之始末或当时的用水管理制度等，具有极高的文物价值，是了解和研究引泾历史最原始、最真实的基础依据和便捷钥匙。

『善治秦者先治水，善治秦者必治水』。传承秦人治水历史，开展水文化研究，挖掘其中的价值观念、道德规范、治水智慧，寻找历史与现实的结合点，目的在于以文化人，以史资政。

此次，我们对前后三十通碑石（其中六通有文无碑）共三十四篇碑文（有一碑多文者）以及部分楹联及名人题词等进行拍照、拓印、抄录，并邀请专家对自然剥蚀和人为破坏等造成碑文字迹残缺、隐约难辨的个别疑难字词甄别，并对民国以前的碑文进行释义，简要介绍碑石背景。此外，也收录了部分名人为纪念李仪祉先生的楹联、题词等，汇编为《引泾记之碑文篇》，既是学者进行水文化研究重要的参考资料，也是广大读者了解水利知识的很好读本。

为保持碑文的原真性，本次只作标点和分段，对碑石破损、残缺、模糊难辩字以『□』符号代其位置，其中可据上下文意揣补者，则在□之下括号括出揣补之字。同时，这些碑刻，就其书法艺术而言，真、草、篆、隶、行等书体风格齐全，雕琢精细，亦是广大书法爱好者研习的很好范本。

本册编注过程中，参照了王智民先生编注的《历代引泾碑文集》（一九九二年版）相关注解。在此，谨向已故的王智民先生表示深切怀念，向参与本册释义、校准的李令福教授、吴俊发老师表示真诚感谢。

由于编注经验不足，加之专业、文字、历史知识水平有限，不当之处在所难免，敬请专家、读者批评指正。

编　者

二〇一六年六月

目录

第一部分　古代碑文

第二部分　近现代碑文

第三部分　楹聯及名人題词

第一部分　古代碑文

郑国塑像

高陵令劉君遺愛碑

撰文：刘禹锡

年代：唐大和五年（公元八三一年）

【碑文】 縣內之大夫，鮮有遺愛在其去者，蓋邑居多豪，政出權道，非有卓然异績，結於人心，浹於骨髓，安能久而愈思？大和四年，高陵人李士清等六十三人，思前令劉君之德，詣縣請金石刻。縣令以狀申府，府以狀考於明法吏。吏上言：謹按寶應詔書，凡以政績將立碑者，其具所紀之文，尚書考功（一）。有司考其詞宜有紀者，乃奏。明年八月庚午，詔曰：『可』。今書其章，明有以結於人心者揭於道周云。

涇水東行，注白渠，釃而為三（二），以沃關中，故秦人常有善歲。按水部式（三）：『決泄有時，畎澮有度（四）；居上游者，不得擁泉而顓其腴（五）；每歲少尹一人（六）行視之，以誅不式。』兵興以還（七），浸失根本，涇陽人果擁而顓之，公取全流，浸原為畦；私開四竇（八），澤不及下。涇田獨肥，它邑為枯。地力既移，地徵如初。人或赴訴，泣迎尹馬！而怗涇之腴皆權幸家，榮勢足以破理，訴者復得罪。由是咋舌不敢言，吞冤銜忍，家視孫子。

長慶三年，高陵令劉君勵精吏治，視人之瘼如熛疽在身，不忘决去。乃循故事，考式文暨前後詔條，又以新意。請更水道，入於我里；請杜私竇，使無棄流；請遵田令，使無越制。別白纖悉，列上便宜（九）。掾吏依回不決。

居二歲，距寶歷元年，端士鄭覃為京兆。秋九月始具以聞(十)。事下丞相、御史。御史屬元穀寶司察視，持詔書詣渠上，盡得利病。還奏青規(十一)中。上以穀奉使有狀，乃俾太常選日(十二)，京兆下其符，司錄姚康、士曹掾李紹實成之，縣主簿譚孺直實董之。

冬十月，百衆雲奔，憤與喜並，口謠手運，不屑鼛鼓(十三)。揆功十七八，而涇陽人以奇計賂術士，上言曰：『白渠下高祖故墅在焉，子孫當恭敬，不宜以畚鍤近阡陌！』上聞，命京兆立止絕。君馳詣府控告，具發其以賂致前事；又謁丞相，請以顙血污車茵(十四)！丞相彭原公斂容謝曰：『明府真愛人，陛下視元元(十五)無所恡，第未周知情偽耳。』即入言上前(十六)。翌日果有詔許訖役。

仲冬，新渠成；涉季冬二日，新堰成。駛流渾渾，如脈宣氣；蒿荒漚冒，迎耜澤澤(十七)。開塞分寸，皆如詔條。有秋之期，投鍤前定(十八)。孺直告已事。君率其寮躬勞徠之。丞徒歡呼，奮袂禯(十九)而舞！咸曰吞恨六十年，明府雪之。擿奸犯豪，卒就施為。嗚呼！成功之難也如是。請名渠曰『劉公』，而名堰曰『彭城』。

按股引而東千七百步，其廣四尋而深半之。兩涯夾植杞柳萬木，下垂根以作固，上升材以備用。仍歲旱沴，而渠下田獨有秋。渠成之明年，涇陽、三原二邑中，又壅其衝為七堰，以折水勢，使下流不厚。君詣京兆索言之。府命從事蘇持至水濱，盡撤不當壅者。由是邑人享其長利，生子以劉名之。

君諱仁師，字行輿，彭城人。武德名臣刑部尚書德威之五代孫，大歷中詩人商之猶子。少好文學，亦以籌畫干東諸侯(二十)，遂參幕府。歷任劇縣(廿一)，皆以能事見陟，率不時而遷。既有績於高陵，轉昭應（廿二）令。俄兼檢校水曹外郎，充渠堰副使，且賜朱衣銀章。計相（廿三）愛其能，表為檢校屯田郎中兼侍禦史。斡池鹽於蒲，賜紫衣金章，歲餘，以課就（廿四），加司勛正郎中，執法理人為循吏，理財為能臣。一出於清白故也。

先是，高陵人蒙被惠風而惜其捨去，發於胸懷，播為聲詩，今采其旨而變其詞，誌於石。文曰：噫！涇水之逶迤，溉我公兮及我私。水無心兮人多僻，錮上游兮乾我澤。時逢理兮官得材，墨綬（应为黑绶）縈兮劉君來。能愛人兮恤其隱，心既公兮言能盡。縣申府兮府聞天，積憤刷兮沉痾痊。劃新渠兮百畎流，行龍蛇兮止膏油。遵《水式》兮復田制，無荒區兮有良歲。嗟劉君兮去翱翔，遺我福兮牽我腸！紀成功兮鐫美石，求信詞兮昭懿績！

【背景】 本碑文是唐代著名诗人、文学家刘禹锡，于唐文宗大和五年（公元八三一年），为纪念高陵县令刘仁师兴修水利以及高陵老百姓对刘公的爱戴之情而做的。是迄今为止，发现有关三白渠最早的碑记，可惜原碑已佚失不存。碑文引自《刘禹锡文集》。文中对刘仁师生平有较详细介绍。特别是对唐代三白渠的用水管理和上下游之间历史性纠纷问题，作了具体生动的记述，是十分珍贵的史料。

所谓『彭城堰』，是因刘仁师系彭城（今徐州市）人而取名。其堰址据今考证，在泾阳县三渠乡同官张村东和相邻的高陵县湾子乡福韩村西之间，是一座分水节制闸。『刘公渠』渠首即在此由中白渠分水入渠。向东南流约三公里，即文中所记『千七百步』，至泾阳县永乐镇东北之磨子桥村处设分水闸，分为四条支渠，又称为『刘公四渠』，分别名曰『中白』、『中南』、『高望』、『隅南』四渠。其中中南渠下又别开一分支渠，称为『昌连渠』。可见工程的规模是相当大的，渠成后的效益也是很显著的。

【注释】

〔一〕『尚書考功』：唐代朝廷设『尚書省』，分管六部公文。故因有政绩者需立碑的州府所呈之文，必先经过尚书省考察其功绩，然后奏报皇帝诏示。

〔二〕『注白渠，釃而為三』：白渠系汉代修建。釃（shi 音失）：分导、疏导。『釃而為三』即分为三条渠，也就是以后所称的三白渠。

〔三〕《水部式》：是唐代中央政府颁布的水利法规。水部是唐代工部所属的四司之一，掌管全国水道、河防、灌溉、排水、航运津梁的政令。『式』指章程、条例、规定等。

〔四〕『決泄有時，畎澮有度』：放水、停水有一定的时间，田间小沟阴水有一定数量的限度。

〔五〕『不得擁泉而顓其腴』：顓（通专），即专擅之意。即不许截流渠水独占其利。

〔六〕『少尹一人』：指京兆府的副职官员。当时规定每年由京兆府的副职官员一人，定期巡视检查渠道。

〔七〕『兵興以還』：这里指『安史之亂』以来。

〔八〕『私開四竇』：竇即小洞口。指私自在渠道上乱开的引水口子。

〔九〕『列上便宜』：用条文陈列应兴应革的具体建议，向上级或向朝廷禀报。

〔十〕『始具以聞』：方才把（所呈建议书）奏闻于皇帝。

〔十一〕『青規』：指皇帝的内廷。亦称青规地，表示是禁地。

〔十二〕『太常選日』：太常寺官员选择日子。古代朝廷设太常寺卿，为九卿之一，掌管礼乐郊庙社稷事宜。此次修渠被列为国家大事，因此命太常寺官选吉日动工。

〔十三〕『鼛鼓』：鼛（gao）即大鼓。役事起，动员老百姓作功时击鼓为号召。

〔十四〕『以顙血污車茵』：『顙』是人的额角，『車茵』是车上的坐垫。文中意思是倘不许继续修渠施工，便碰死在宰相车上，以尸忠谏。

〔十五〕『元元』：黎元，老百姓。

〔十六〕『即入言上前』：进宫去对皇上奏明。

〔十七〕『篙荒漚冒，迎耜澤澤』：篙荒的田野得到灌溉，耕犁时土地显得湿润。

〔十八〕『有秋之期，投鍤前定』：丰收的年景，在修渠灌溉耕作时就预计到了。

〔十九〕『袯襫』：（bo shi 音勃式），粗布衣裳。

〔二十〕『亦以籌畫干東諸侯』：『籌畫』是指运筹策划的谋略；『干』是干涸、干求。意为他也曾以自己具有的筹划才能拜见东部诸侯（东部节度使等地方大员）。

〔廿一〕『歷任劇縣』：历任过许多政务繁难的县令。

〔廿二〕『昭應』：唐县名，今临潼县。

〔廿三〕『計相』：汉代张苍为计相，主管财政计划，这里借喻唐代主管财政的长官。

〔廿四〕『以課就』：『課』是收税，也可指税务。『以課就』就是税务工作办理的好。

【译文】 县内主政的官员，很少有离职后还能让人怀念的。因为县城里豪门居多，政令取决于有权势的人。若非做出卓越成绩，赢得广大民众刻骨铭心的记忆，怎能让人越来越思念？大和四年，高陵人李士清等六十三人，思索前任县令刘君的功德事迹，到县衙请求或铸于鼎或刻于石碑上。县令行文向府尹请示，府尹以此情况向清楚此规定的官员咨询。官吏报告说，根据天宝年间的诏书，凡因政绩要立碑的，要呈报所记述的文字，由尚书省考察功绩，有关主管部门考核所记述的文辞有可以记载的，就可以向皇帝奏报。第二年八月庚午日，皇帝下诏书说『可以』。现在书写文章，写明刘君赢得民心、可以立碑于路旁的事迹。

泾水向东引流入白渠，分流而成三条支渠，灌溉关中的土地，所以秦人常有好年成。按照水利部门规定：『放水停水有时间安排，小渠道有流量的限度。居住在上游的人，不得依仗地利优势而拦截渠水独占其利。每年，京兆府一名副职官员都得沿渠巡察，处罚不遵守规定的人』。但自安史之乱以来，这些重要的规定逐渐丢失了，泾阳县人果然依靠他们的有利条件而独占渠水。公然占取整个水流资源。浇灌旱原为水田，私自在渠道上四处开口上水，渠水灌溉不了下游农田。泾阳一带的农田单独受益，其他地方的农田因此干涸。农田的收益已经变（少）了，但田地和征税仍和过去一样。本县人有的赴京告状，痛哭流涕地拦截京兆尹的马车。实际上占据泾水好处的都是有权势的人家，他们荣幸显要的势力足以破坏法律和情理。告状的人反而又被治罪，受到惩罚。从此咬着舌头不敢说话，吞咽下冤情，压在心底，强行忍耐。在家看着自己的孙子。

长庆三年，高陵县令刘君振奋精神，整治官吏作风，他视老百姓的疾苦如同毒疮长在自己身上一样难受。就深入了解事情的经过，研究水利管理规定和皇帝前后颁布的诏令，提出新的建议，请求变更泾水渠道，能流入我们高陵地域；请杜绝私下乱开口乱引水现象，使得没有浪费的水流，请求遵守农田法规，以便不发生超越规定的情况。另外还提出了细致周全的处理办法，向上级呈文报请。但有关部门官吏却犹豫不决。

过了两年，到了宝历元年，正直人士郑覃担任京兆尹，在当年秋天九月才把详情禀明皇帝。皇帝把这件事交付丞相和御史处理，御史安排元谷实司调查。元谷实奉诣到渠上视察，完全清楚了存在的问题和改革管理的好处，回来便报告皇帝。皇帝认为谷元实了解的情况有根据，于是就让太常寺选择吉日动工变更渠道。京兆府下文做出具体安排，司隶姚康、士曹椽李绍实负责工程实施，县主薄谭孺直管理渠道具体修建。

冬季十月，众多百姓自发聚集，成群结队，奔向劳动工地，怨愤和欣喜的心情交织在一起，嘴里喊着劳动号子，手臂挥动，不用动员也劲头十足。很快工程完成了十分之七八，这时候泾阳人用奇计贿赂方术道士，向朝廷报告说，白渠下游有高祖皇帝原来的行宫，子孙应当恭敬，不宜让笼筐和铁锸这一类工具靠近这里。皇帝听了，命令京兆府立即停工。刘君立刻骑马到京兆府控告，详细揭发那些人用贿赂造成前面的事端。又拜见丞相，愿碰死在丞相车前，请求丞相答应复工。丞相彭原公神态庄重地道歉说：『您关爱百姓，皇帝看待人民也没有吝惜的，只是没有了解事情真伪罢了』。便立即进宫奏明皇帝。第二天果然有诏书让完成工程。

十一月，新渠修成。到十二月，新堰修成。那奔流的渠水翻滚着，好像人的血脉气血畅通，草荒的田野得到灌溉，犁耕的土地显得湿润。开闸引水流量大小分寸，完全按照诏书条令。丰收的年景，在修渠耕作前就计划好了。孺直报告竣工，刘君率领他的属下亲自犒劳慰问。工程管理官员和民工们挥动着粗布衣裳跳舞欢呼。都说，吞咽遗憾六十年，大人为我们昭雪这一冤情，惩治奸邪，打击豪强，终于完成了工程，施展了作为，唉！成功的艰难就像这样，请求命名新渠为『刘公渠』，并命名新堰为『彭城堰』。

顺渠向东有一千七百步，那个地方宽四寻而深度只有一半，两岸夹种着杞柳等树木一万余株，其根系可用来巩固渠堤，上长木材可供他用。连年干旱缺水，但渠道灌溉的农田独有收成。水渠修成的第二年，泾阳、三原两县中又有人在干渠中壅堵了七个堤堰挡水，使下游水量不足，刘君又到京兆府报告这种情况，京兆府派出从事苏持到现场，全部清除壅堵的堤坝，从此后高陵人才享受到渠水长久的好处。生的孩子用『刘』字来命名。

刘君名讳仁师，字行舆，彭城（徐州）人，是高祖皇帝武德年间名臣刑部尚书刘德威的第五代孙，代宗皇帝大历年间诗人刘商的侄子，年轻时喜欢文学，也以个人的干练而拜访过东部地区一些地方大员，并参与幕府工作。历任多个地方县令，均以能力强被提拔，往往不满任期就得到升迁。在高陵有政绩以后，调昭应（今临潼）县令，不久兼任检校水曹员外郎，担任渠堰副使，并赐着朱衣银章。主管财政的中央长官喜爱他的才能，向皇帝上表推荐他为检校屯田郎中兼待御史，在山西协调管理池盐，朝廷赐他着紫衣金章。一年多，就通过考核加封司勋正郎中。他奉公守法，管理财政有能力。这完全出于他为人清白的缘故。

以前，高陵人蒙受他的恩惠而不舍他离去，他们发自于胸怀，通过声音传播为诗歌，现在收集它的要领而改变它的文辞，记录在碑石上。辞文大意是：泾河水逶迤，灌溉我们的公田和私田，水没有什么但人却存有坏心眼，拦截上游来水，致使下游断流。时也遇到法理，官员遇到良材，刘君佩带铜印来了。他爱护百姓体恤百姓的痛苦。他心既公正说话就很透彻。县官申报给府官啊府官申报向皇帝。积债得到洗刷沉疴得以痊愈，修了新渠使众多小渠有了水流。水流像龙蛇行走在田间留下肥沃的油脂。遵照水利章程，恢复农田制度。没有荒地了就有了好年成。叹惜刘君高飞远去了，留给我们幸福又牵挂我们的肝肠，让我们把这个过程刻在美石之上，用美好的文字昭示他的功绩。

豐利渠開渠記略碑

撰文：侯蒙

年代：約宋大观年（公元一一一〇年）

【碑文】 大觀元年閏十月，主客員外郎穆京奉使陝西。既復命，以白渠歲罷〔一〕，民堰水起十月，盡次年四月，期間水嚙堰與堤防圮壞，溉田之利，名存而實廢者居八九。得獻說者宣德郎範鎬，鄜州觀察推官穆卞以謂：『熙寧間，嘗命殿中丞侯可自仲山旁鑿石渠，引涇水東南與小鄭渠會。下流合白渠，鳩工自熙寧七年秋至次年春，渠之已鑿者十之三。當時以歲歉弛役，今其跡可考。案舊跡而導建瓴之勢，因民心而興萬世之利，易若反掌。』乃詔本路提舉常平使者趙佺與獻說者相地計工。二年七月詔可，俾佺董其事。

經始以是年九月越明年四月，土渠成。下廣一丈有八尺，上廣五丈；深視地形之高下；袤四千一百二十尺；南與故渠合，計工六十一萬七百有奇。越明年閏八月，石渠成。下廣一丈有二尺，上廣一丈有四尺；深視地形之高下；袤三千一百四十有一尺；南與土渠接。又度渠之北，視其勢高峻，留石僅三丈，裁通竇以防漲水，計工四十九萬八千有奇。

九月甲寅，疏涇水入渠者五尺，汪洋湍駃〔二〕，不舍晝夜。稚耋歡呼，所未嘗見。凡溉涇陽、醴泉、高陵、櫟陽、雲陽、三原、富平七邑之田，總三萬五千九十有三頃。异時白渠所溉不過二千七百餘頃，歲以八月，屬民治堰，土木一取於民，費以億計。夾渠之民，終歲閔閔，然望水之至不可得，而輸賦如平時，民以是重困。是役也，費不煩民，因民之利，工垂成。臣穆京適帥秦鳳，上遣京視役，且撫問官屬，給賜工師緡錢〔三〕，遠方知上之德意，明見萬里，鼓舞趣役，不日而成，鑿山堙塹，民不告勞。既奏功，上嘉之，詔賜名曰豐利渠。

【背景】　本碑早已湮灭不存。碑文引自元代李好文撰《长安志图》。同时收录了该志中蔡溥整理的《开修洪口石渠题名记》。能大致了解丰利渠的建设过程、工程规模和灌溉效益。本文概述了自北宋熙宁七年到大观二年（公元一〇七四~一一〇八年）三十余年间，渠道毁坏荒废已久，又因岁歉驰役兴修未果，群众深受其苦。由于经过这次大整修之后，能够顺利引水灌溉，老百姓欢呼拥护，震动也较大，受到当朝皇帝的褒扬，并赐名丰利渠。碑文作者侯蒙是宋徽宗时监察御史、资政殿学士。

【注释】

〔一〕『罷』：（古音 pi），通疲。衰败之意。

〔二〕『湍駃』：（tuan kuai 音团快），水势急速之状。

〔三〕『緡錢』：缗者古代穿铜钱用的绳子。缗钱就是成串的铜钱。

【译文】　大观元年闰十月，主客员外郎穆京奉命出使陕西。向朝廷复命，认为白渠年久荒废。老百姓所修拦水堰，十月开始放水，到次年四月停水。这期间由于水流冲刷，拦水堰和堤防塌毁损坏，灌溉农田之效益名存实亡占十分之八九。后来朝廷得到宣德郎范镐、鄜州观察推官穆卞呈献的修渠建议。他们提出：『熙宁年间，朝廷曾派殿中丞侯可从仲山旁开凿石渠，引泾水向东南与小郑渠会合。再往下流，和白渠汇合，聚集工匠自熙宁七年秋季到第二年春季，已经开凿的渠道有十分之三。当时因为年成歉收而延缓施工，现在那工程遗迹还可查考。根据当年修渠的旧印迹而引导重修，可以产生居高临下的气势，既顺应民心又取得千秋万代之利益，那真是易如反掌的事。』皇帝于是下诏，命令本路提举常平使者赵佺和提出建议的人共同勘查地形设计工程方案。大观二年七月，皇帝下诏让赵佺主持这件事。

从开始这年九月到第二年四月，土渠完成。渠底宽一丈八尺，上口宽五丈；渠的深度依地形高低而变化；渠道南北长四千一百二十尺；向南和原来的渠道会合，合计用工六十一万七百有余。到第二年闰八月，石渠建成。渠道底宽一丈二尺，上口宽一丈四尺；渠道深度依地形高低决定；南北长三千一百四十一尺；向南与土渠连接。又勘察渠道的北面，选择高峻的地势，保留仅有三丈厚的山石，开挖打通洞穴以防涨水，计用工四十九万八千有余。

九月甲寅，导引入渠的泾河水有五尺高，水流湍急，昼夜不停。老少欢呼的场面前所未见。共计灌溉泾阳、礼泉、高陵、栎阳、云阳、三原、富平七个县的农田，总计三万五千九十三顷。原先白渠所灌溉的农田不过二千七百余顷，每年在八月动员百姓治理拦水堰，土木全部从民间征取，费用以亿计算。渠道两边的百姓，一年到头忧愁不堪，望得见水却得不到水，但是缴纳的赋税却和平时一样，老百姓因此严重贫困。这个工程，费用不用民众承担是为了民众的利益。工程就要完工时，大臣穆京统管秦凤路军民，皇帝派穆京视察工程，并慰问官府属员，发放皇帝赏赐工程技术人员的钱币，远扬皇帝的德和英明，鼓舞士气。很快，工程就全部完工。开凿山石，填平壕沟，老百姓不说辛苦。穆京向皇帝报告后，皇帝予以嘉奖，下诏给渠道赐名为丰利渠。

開修洪口石渠題名記碑

撰文：蔡溥

年代：宋大观四年（公元一一一〇年）

【碑文】 永興軍[一]耀州六縣民田，舊資白渠灌溉之利，歷時已久，涇流浸低，渠勢高仰，不能取水。乃歲八月，六縣令率伕數千，集良材，起巨堰，堰水入渠，至明年四月去堰，所溉田財二千頃。然堰成輒壞或數月壞，故興修之功，要為文具[二]，而民無實利。大觀元年，令秦鳳路經略使穆公侍郎京，以太府少卿出使陝西，宣德郎範鎬、承直郎穆卞，因言開修洪口[三]石渠之利，穆公具聞於朝，提舉永興軍等路常平等事趙公佺，被旨相視，具陳可成之策，朝廷從之，遂命趙公總按渠事。初議鑿石與涇水適平，然後立堰以取水。趙公謂：立堰當為遠計，乃使渠深下水面五尺，則無修堰之弊，而利博且久。

既終功，凡石土渠共七千一百一十九尺。石渠北自涇水上流鑿山尾，南與土渠接，初料一千四百二十五尺，其後土石接處發土見石，乃展一千七百一十六尺，通計三千一百四十一尺。上廣十有四尺，下廣十有二尺，淺深隨山勢，其最深者三十八尺。分隸六縣，會工四十六萬二千九百一十三。料工之始，視石之堅柔，定以尺寸為工。其下石頑，攻不中程[四]，乃增工二萬七千九百五十三，凡石渠之工總四十九萬八百六十六。一年九月工興，四年九月畢。

土渠北自石渠東南與故渠接，初計六千四百五十九尺。而所展石渠既已省一千七百一十六尺，其後接故渠處，土雜沙石，隨治隨壞，度不可持久，乃即其右開橫渠二百尺，與故渠合，地脈堅實，工簡而徑又省。舊所治渠九百六十五尺，實計土渠三千九百七十八尺。上廣五十尺，下廣十有八尺，淺深隨地形，其最深者七十五尺。分隸六縣，會工二十一萬一千八百一十六，內涇陽、三原、高陵所隸，有石棚(五)隱土下，厚或一丈或七尺、八尺，乃損土工一萬一千八百一十一，而增推鑿之工四萬七千九百七十九，凡土渠之土，總二十六萬七千九百八十四。二年九月工興，四年五月畢，渠成。

惟石渠依涇之東岸，不當水衝(六)，乃即渠口而工，入水鑿二渠，各開一丈，南渠百尺，北渠百五十尺，使水勢順流而下。又涇水漲溢不常，乃即火燒嶺之北及嶺下，因石為二洞：曰『回瀾』，曰『澄波』，限以七尺(七)。又其南為二閘：曰『靜浪』，曰『平流』，限以六尺(八)，以節湍激。渠之東岸有三溝：曰『大王溝、小王溝』，又其南曰『透槽溝』。夏雨則溪穀水集，每與大石俱下，壅遏渠水，乃各即其處鑿地陷木為柱，密佈如櫨(九)，貫大木於其上，橫當溝之衝。暑雨暴至，則水注而下，大石盡格透槽之口，與石棚接，如此已無患。餘二溝則鑿渠兩岸，比大木覆其上，溝水入於涇。又其東且十裏曰『樊坑』(十)，當白渠之南岸，其北直大溝(十一)，溝水暴則岸壞，與渠流俱潰，壅之則渠不能容，而下流為田患，乃疊石為渠岸，東西四十尺，北高八尺，上闊十有七尺，其南石尾相銜而下四十尺(十二)，溝水至，則渠之所受，滿其堤而止，其上泄餘水，以注坑中與涇合。土石之工畢，於是乎導涇水深五尺，下泄三白故渠，增溉七縣之田，一晝一夜所溉田六十頃，週一歲可二萬頃。

大觀四年九月，朝散大夫專管勾永興軍耀州三白渠公事都大提舉開修石渠飛騎尉蔡溥記。

【背景】 收录本碑文的《长安志图》编者李好文，在该志中加有小注说明：『石多阙字，节略其文』。故所录文字是经编者加以整理的。本文属工程竣工报告性质，情况翔实。文中不仅对各工程项目、所用劳力有较详尽的竣工数据，且对引水枢纽的布局、设防等设施也务求尽善。从中可窥出宋代水工建筑进步之一端，成为现代人研究丰利渠的宝贵文献。

【注释】

（一）『永興軍』：行政区划名。宋代的行政区域尚无行省，仿唐代的『道』而另行调整，划分全国为若干路。『永興軍』是一路之名，辖今陕西省东部一代。

（二）『興修之功，要為文具』：兴修渠堰之事，不过成了表面文章而已。

（三）『洪口』：就是谷口，与『瓠口』的发音接近，均指较大的河流出谷处。因郑国渠古记载其渠口在『瓠口』，逐渐演变为泾河谷口的专有名称。

（四）『其下石頑，攻不中程』：下面的岩石坚硬，凿不到预计的深度。

（五）『石棚』：指埋在地表土层下的半胶结卵石层。

（六）『不當水衝』：没有在河水的主流冲击位置。

（七）『限以七尺』：指文中的『回瀾』、『澄波』两个泄水洞能控制渠中水深不使超过七尺，是当河流涨汛时预防渠水流量超限的设置。

（八）『限以六尺』：『静浪』和『平流』二闸结合两洞，控制渠中水深在闸后不使超过六尺，为安全流量。

（九）『密佈如櫑』：形容所立木桩严密，如同棂隔一样。

（十）『樊坑』：此处可能原是郑国渠的一个泄水渠，在丰利渠修建时，在这里增设溢流堰用以排泄北部山洪。地址在今泾阳县上然村西北之古惠民桥遗址附近。

（十一）『其北直大溝』：『直』通值字，指渠道在此处，其北岸正值有一大沟。

（十二）『其南石尾相銜而下四十尺』：指溢流堰泄水坡的形态：用料石顺序衔接组合，长四丈，下接樊坑渠。

【译文】 永兴军（行政区划名，辖今陕西东部一带）耀州六县（华原、富平、三原、云阳、同官（今铜川）、美原）民田，旧时依赖白渠灌溉的好处，历时已久，泾河水流冲刷河床降低，渠道引水口地势相对增高，使水流不能进渠。这年八月，六县县令率民工数千人，召集能工巧匠，建起巨大的拦水堰，用以拦水入渠，所灌溉农田才二千顷。但是拦水堰修成经常几个月就冲坏了，故兴修水利的功效实际上成为表面文章，人民并没有真正受益。大观元年，令秦凤路经略使穆京侍郎，以太府少卿衔出使陕西，宣德郎范镐、承直郎穆卞，提议开修洪口石渠可产生的效益。穆京向朝廷呈具奏文，提举永兴军等路常平等事赵佺，奉旨视察，他向朝廷详细陈述可以修成之策略，朝廷接受他的建议，就命令赵佺总负责开通渠道事务。起初商议开凿山石与泾水持平，再建堰引水。赵佺说：建立拦水堰当作久远计划，就让把渠底挖深到水面下五尺，这样就没有修堰的弊端，而且好处多且持久。

工程竣工，石渠土渠共七千一百一十九尺。石渠北自泾水上流开凿山尾，南与土渠连接，当初估计修一千四百二十五尺，但在土石连接处挖土见石，于是延长一千七百一十六尺，共计三千一百四十一尺。渠上口宽十四尺，下面宽十二尺，渠道的浅深随山势高低决定，最深的地段三十八尺。渠道分属六县，用工四十六万二千九百一十三个。工程开工时，根据石质之坚硬柔软程度和开挖尺寸标准计算好了用工量。但下面石头顽硬，凿不到预计的深度。由此增加用工二万七千九百五十三个，累计石渠所用工总共四十九万八百六十六个。大观元年九月工开始兴修，大观四年九月完工。

土渠北自石渠东南与旧渠连接，起初计划修六千四百五十九尺，但多挖石渠就减短了一千七百一十六尺。在土渠连接旧渠的地方，土中混杂着沙石，随修随坏，估计不能持久，就在该处右侧开横渠二百尺，与旧渠会合，那里地脉坚实，施工简便而路径又节省。旧时所修渠道九百六十五尺，实计土渠三千九百七十八尺。渠上口宽五十尺，底宽十有八尺，渠道浅深随地形变化，最深处有七十五尺。分隶六县，召集工二十一万一千八百一十六，其中泾阳、三原、高陵所属地段，有石棚隐藏土层下，厚度有的一丈有的七尺、八尺，于是减少挖土用工一万一千八百一十一个，而增加开凿石头的用工四万七千九百七十九个。累计土渠用工总计二十六万七千九百八十四个。大观二年九月工程兴修，大观四年五月渠道完成。

因石渠在泾河的东岸，没有直对泾河干流，为了便于引水，于是就在渠口想办法，在水下开凿两条渠，各开一丈（宽），南渠长一百尺，北渠长一百五十尺，使水流顺势而下（进入渠道）。又由于泾水涨溢没有常规，就在火烧岭的北侧及岭的下面，凭借山石开为两个洞：一个名叫『回澜』洞，一个名叫『澄波』洞。以流量七尺作为限度。又在南面设两个闸门：一个名叫『静浪』闸，一个名叫『平流』闸，以流量六尺为限度，用以节制湍激的洪水。渠的东岸有三条沟：分别名叫『大王沟』『小王沟』，再南面的名叫『透槽沟』。夏天下雨溪谷水流汇集，经常和大石一同冲下壅塞渠道，于是各在那些地段凿坑密布木桩，在立桩上再置横木如同棂栅。暴雨来时，洪水可以流过，而大石全部被拦挡在木栅外如石棚一般，这样就不用担心石头壅塞渠道了。其余二沟就凿渠两岸，挨个把大木头覆盖在渠道上面，让沟水进入到泾河。再往东近十里的地方名叫『樊坑』，应是白渠的南岸，其北岸刚好有一大沟，如沟水暴涨就使渠岸损坏。如果洪水全部进入渠道，渠道就容纳不下，并且给下游农田带来祸患，于是在该处以石砌堤，东西长四十尺，北高八尺，上宽十有七尺，在南岸用石料首尾相衔共长四十尺（形成溢流堰），溢到渠里，渠道先承受，涨满石堤顶（溢流堰面）时多余的水就从石堤（堰面）顶排泄掉，顺着樊坑流入泾河。总体工程结束后，渠道引泾水深五尺，流入三白旧渠，增加灌溉七县的农田，一昼夜所灌溉农田六十顷，全年可达二万顷。

大观四年九月，朝散大夫专管勾永兴军耀州三白渠公事都大提举开修石渠飞骑尉蔡溥记。

新開廣惠渠記碑

撰文：项忠　書丹：張瑩

年代：明成化五年（公元一四六九年）

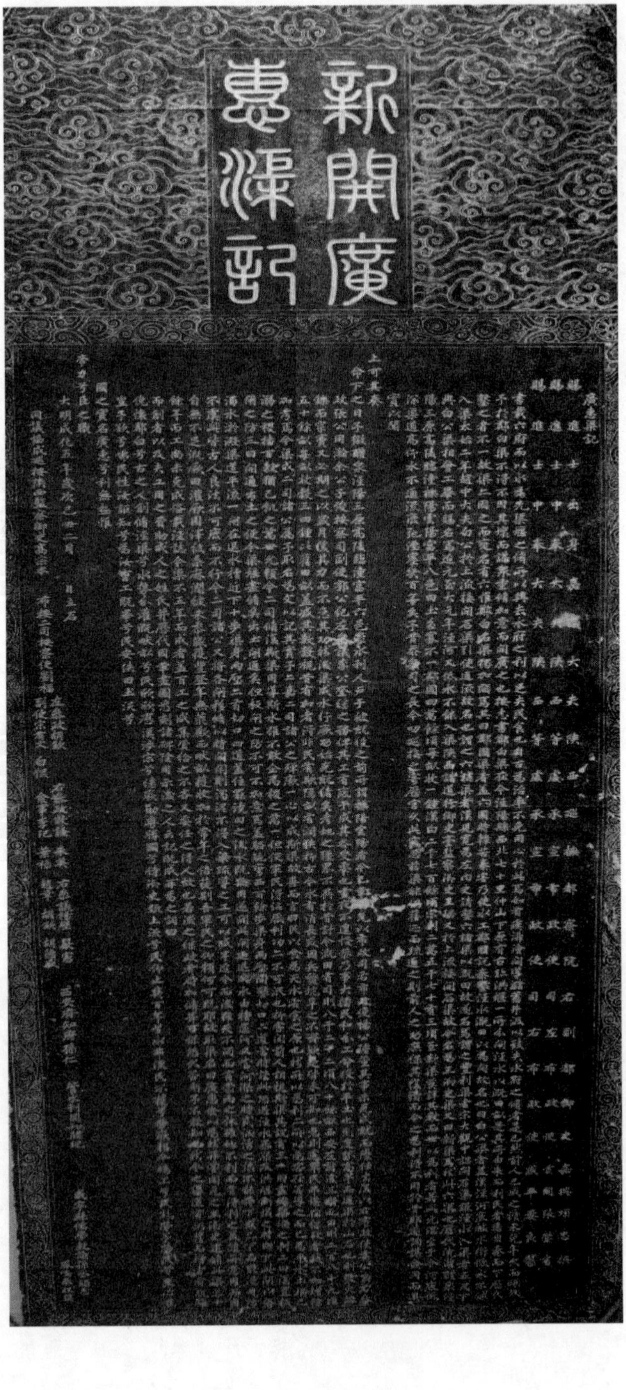

碑头

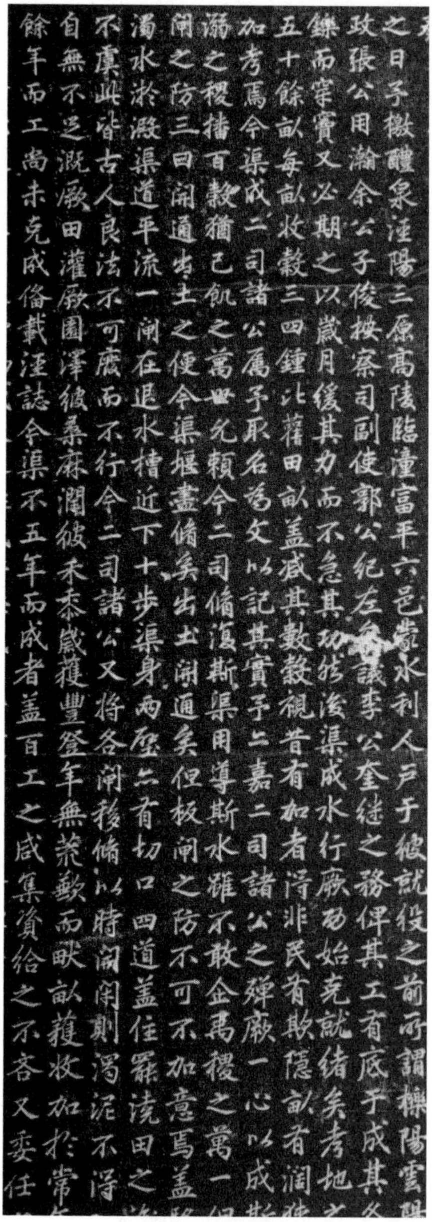

之日予檄醴泉涇陽三原高陵臨潼富平六邑當水利人戶于彼就役之前所謂櫟陽雲
政張公用瀚余公子俊按察司副使郭公紀左參議李公奎繼之務俾其工有底于成其
鍊而寔實又必期之以歲月緩其力而不急其功於後渠成水行廠始克就緒矣考地
五十餘畝每畝收穀三四鍾北舊田畝蓋減其數穀視昔有加者得非民有欺隱畝者潤
加考焉今渠成二司諸公屬予取名為文以記其實予亦嘉二司諸公之殫厥一心以成
澣之稷播百穀猶己飢之萬世允賴今二司脩復斯渠用導斯水雖不敢企禹稷之萬一
閘之防三四閘通出土之便今渠堰盡脩矣出土閘通矣但板閘之防不可不加意焉蓋
濁水淤澱渠道平流一閘在退水槽近下十步渠身兩壁亦有切口四道蓋佳羅澆田之
不虞此皆古人良法不可廢而不行今二司諸公又將各閘務脩以時開閉則濁泥不得
自無不足溉厥田灌厥園澤彼桑麻潤彼禾黍歲獲豐登年無荒歉而畎畝獲收加於常
餘年而工尚未克成備載涇誌今渠不五年而成者蓋百工之咸集資給之不吝又委任

碑文局部

【碑文】

賜進士出身嘉議大夫陝西巡撫都察院右副都御史　嘉興　項忠撰

賜進士中奉大夫陝西等處承宣布政使司左布政使　雲間　張瑩書

賜進士中奉大夫陝西等處承宣布政使司右布政使　咸平　婁良篆

《書》載六府〔一〕，而以水為先，渠堰之修，所以興夫水府之利，以足佚民食也。自古為治，率不免用心於此焉。如有虞溝澮開導，瀦蓄井汲，以致夫水府之修者是已。然前人已成之績，未免年久而壞，故予於鄭、白渠不得不因其壞而謀眾重修，加意而開廣之也。

按志書：鄭、白渠在今涇陽縣西北七十里仲山下，原有古蹟洪堰一所，分閘涇水，以溉田畝，是其所由來而利民者遠。自秦而下，歷代鑿之者不一，故渠亦因之而變名有六，惟鄭、白名渠獨加顯焉。其曰『鄭國渠』者：蓋六國時韓苦秦害，乃使水工鄭國，說秦鑿涇水溉田以為間，故名也。曰『白公渠』者：蓋漢涇河底被水衝低，水不能入渠，太始二年，趙中大夫白公，於上流接開石渠，引使通流，故名也。謂之『六輔渠』者：漢兒寬為左內史，請鑿六輔渠以溉田，故遂名焉。謂之『豐利渠』者：宋大觀中詔開石渠，疏涇水入渠者五尺，下與白公渠相會，工畢而賜名焉。迨元至大元年，涇河又低，水不能入渠，陝西諸道行御史臺監察御史王琚，又於上流接開石渠，故今名為『王御史渠』，又曰『新渠』焉。然此六渠也，歷代澆灌醴泉、涇陽、三原、高陵、臨潼、櫟陽、雲陽、富平八邑田土，多寡不一。鄭國四萬餘頃，每畝收一鐘；漢白二千七百餘頃；宋則二萬五千七十有三頃；至新渠莫詳其數，而世以為利者若此。元後至於今，河底低深，渠道高仰，水不通流，廢馳湮塞，幾百年矣。

予昔忝臬司之長，今叨巡撫之寄，歷官久此，竊思茲渠，能仍舊迹而疏通之，則前人之功庶保其復續，而今之為利，得不同於昔耶？遂詢謀僉同，而具實以聞，上可其奏。命下之日，予檄醴泉、涇陽、三原、高陵、臨潼、富平六邑，蒙水利人戶，於彼就役之。前所謂櫟陽、雲陽者，今已革去〔二〕，先以布政司右布政使楊公董其事，未克成就，而升任去。復以右布政使婁公良，右參政張公用瀚，余公子俊，按察司副使郭公紀，左參議李公奎繼之，務畢其工，有底於成。其各受委也，晝夜不遑，恪恭乃事，大播民和。分工命役，於平土也，則度勢高卑而通渠；於山石也，則聚火熔鑠而穿竇。又必期之以歲月，緩其力而不急其功，然後渠成水行，厥功始克就緒矣。

考地之疆界，不異於昔，計今溉田，有司則八千二十二頃八十餘畝，西安左前後三衛屯田，則二百八十九頃五十餘畝，每畝收穀三、四鐘。比舊田畝，蓋減其數；穀視昔有加者，得非民有欺隱，畝有闊狹；抑古今水有消長，或因兵燹、坑阜之不齊歟？是皆未可知也。急則慮軍民弗堪，在繼政者賦不加增，徐加考焉。

今渠成，二司諸公，屬予取名為文以記其實。予亦嘉二司諸公之殫厥一心，以成斯渠，故喜而言曰：『民以食為天，水者食之原也。然所以為利，亦所以為害，在善導之而已。禹平水土，猶己溺之；稷播百穀，猶己饑之。萬世允賴！今二司修復斯渠，用導斯水，雖不敢企禹稷之萬一，但使軍民得沾厥利，功亦不可泯也。』抑當聞前人相視斯渠，其說有三：一曰盡修渠堰之利，二曰復置板閘之防，三曰開通出土之便。今渠堰盡修矣，出土開通矣；但板閘之防，不可不加意焉。蓋駱駝灣西百餘步，渠身兩壁，開鑿切口二道。當時設此，恐遇涇水暴漲及洪堰倒塌之時，即下此閘，以備濁水淤澱渠道；平流一閘，在退水槽近下十步，渠身兩壁开鑿切口四道，蓋住罷澆田之後，水既無用，遂開此閘，乃退此水，由槽還河。又當河漲之時，或汹涌之浪不能猝下，或已下而散漫，用防不虞。此皆古人良法，不可廢而不行。今二司諸公，又將各閘移修，以時開閉，則濁泥不得入渠，疏導之功可以減半。迨今而後，雖天不雨，而有蒙雨之休，雖地不利，而有得利之美，隨所意用而用，自無不足。溉厥田，灌厥園，澤彼桑麻，潤彼禾黍，歲獲豐登，年無荒歉；而畎畝獲收，加於常年之倍蓰〔三〕則吾軍民之仰賴，何可既耶！故取渠名曰『廣惠』，僉以為然。再嘗聞元之王御史，建修此渠三十餘年，而工尚未克成，備載涇志。今渠不五年而成者，蓋百工之咸集，資給之不吝，又委任之得人故也。若後之繼政者，時加修葺，可保悠久，否則予不敢知也。然今之渠道，有仍舊而增者，有脫離而創者，以及佚工用之費，助成人之姓氏，並歷代因革畫圖，悉刻諸碑陰，用示後之人云。記既成，再為之詞曰：

俯懷鄭白兮古之人，創修涇渠兮水勢分；灌溉畎畝兮民欣欣，歷漢涉宋兮繼厥勛。粤勝國兮〔四〕侍御史，疏上流兮民仰止；幾百年兮水弗流，民不獲兮勞厥耜。今鳩工兮民孔勞，予勞民兮民心焦；豈予欲兮弗民性，汝詎知兮為汝曹。工既畢兮民安佚，田土沃兮國之實，名廣惠兮利無極，惟帝力兮臣之職。

大明成化五年歲次巳丑二月立石

同議協成巡按陝西監察御史高宗本　布按二司按察使劉福　左參政胡欽　右參政殷謙朱英　右參議楊璧　嚴憲　副使宋有文　白侃　僉事李玘葉祿趙章胡欽　胡德勝　西安府知府孫仁　管水利同知閻玘　咸寧縣儒學教　喻孫丞錄

鳳鳴秦旺鐫

【背景】　此碑是泾惠渠渠首碑亭现存最早的古碑，书写精美，镌刻细致，有较高的文物书法价值。碑阴载有『历代因革画图』和『广惠渠工程记录』，是考证泾渠各引水口位置的重要历史资料。

撰文者陕西巡抚项忠，是广惠渠的创修者，曾任陕西按察使（臬台），续修过长安浐河龙首渠，开凿过鄠县皂河广济渠，对陕西水利有贡献。文章记述了他所经历的广惠渠工程始末。

【注释】

〔一〕《書》載『六府』：《尚书·大禹漠》中记载，古代以水、火、金、木、土、谷为六府。府者财物聚藏之处。

〔二〕『櫟陽、雲陽者，今已革去』：指汉唐时代设置的栎阳县和云阳县，这两个县已经撤销，分别划入临潼县和泾阳县。

〔三〕『倍蓰』：倍者一倍，蓰者五倍，倍蓰谓数倍。

〔四〕『粤勝国兮』：即曰盛世或曰圣朝啊！『粤』为文言语助词，与『曰』通。

【译文】

《尚书》记载国家设六个管理机关，就把『水』的管理机关放在首位。渠道和堤坝的修建，是为了发挥管水之效益，以满足人民吃饭的需求。自古治理国家，都不免在这方面花费心思。如有虞氏大舜，开沟挖渠疏导水流，池塘蓄水来取水，这些都是水利管理部门的工作啊。但是前人已经修成的工程，未免因年代久远而损坏，所以我对于郑白渠不得不因为它已损坏而和大家商议重修，更加在意扩大其原有规模。

根据志书：郑白渠在今泾阳县西北七十里仲山下，原有古迹洪堰一所，拦引泾水用来灌溉田亩，这是一直造福于人民的设施。从秦代以来，历代开凿渠道的很多，渠道也因此而改名的有六次。只有郑国渠、白渠特别出名。命名郑国渠：是六国时，韩国苦于秦侵害，就派水工郑国，作为间谍游说秦国开凿泾水灌溉农田，故命名郑国渠。称白公渠：是汉代时泾河河床底被水冲低，河水已进不了渠道。太始二年，赵中大夫白公，在上流接着开凿石渠，引水进入渠道。所以命名为『白公渠』。六辅渠：是汉代兒宽担任左内史，请求朝廷开凿『六辅渠』来灌溉农田，于是就以『六辅』命名了。称作『丰利渠』的：是宋代大观年间皇帝下诏开凿石渠，疏导泾水进入渠道的流量有五尺，往下与白公渠相会合，工程结束后由皇帝赐名『丰利』。到了元代大元年间，泾河河床又被冲刷降低了，河水不能进入渠道，陕西诸道行御史台监察御史王琚，又在上游继续开凿石渠，所以现在名为『王御史渠』，又称为『新渠』。然而这六种渠道，历代浇灌礼泉、泾阳、三原、高陵、临潼、栎阳、云阳、富平八个县的田土多少并不相同。郑国渠可浇灌四万余顷，每亩收一钟；汉白公渠浇灌二千七百余顷；宋时浇灌二万五千七十三顷；到新渠时就不清楚真实的灌溉面积了。那么世人们所认为的渠道效益就像这样。从元后到现今，河底低深，渠道高仰，渠水不能通流，设施损废，维修松懈，渠道淤积堵塞已有几百年了。

我曾掌管臬司，现在任巡抚，长期在这里作官，一直挂念这条渠道，能把旧渠加以疏通，那么前人之功劳差不多可恢复其效益，为现今带来效益，得来的和以前不同吗？于是我咨询同事并和各部门谋划，实事求是向上奏报。朝廷批准皇命下达当天，我发布公文通知礼泉、泾阳、三原、高陵、临潼、富平六县，凡享受泾渠水利的人家，就在当地出工出力。从前所说的栎阳、云阳两县，现在已经撤销。先委派布政司右布政使杨公主持这项工程，未能到完工的时候，他就升任官离去了。又委派右布政使娄良、右参政张用瀚、余子俊，按察司副使郭纪，左参议李奎继任，务必完成这项工程，有信心取得成功。他们各自接受任务以后，夜以继日，恪尽职守，极大地得到民众支持。按照工程不同来安排劳力。对于平常土地，就按地势高低来修渠道；对于山石，就聚集大火灼烧使其贯通。又给以必要的时日（工期），不求速成，等到渠成水通，才算大功告成。

考察土地的疆界，和过去没有不同。统计现今灌田面积，有的是八千二十二顷八十余亩，西安左前后三卫屯田，是二百八十九顷五十余亩，每亩收谷三四钟。比起旧时田亩，数量减少了；但粮食比过去有所增加。难道老百姓有欺瞒、面积水分；还是古今水量有减少或增大，或因为战乱、低坑和高丘不一样了？这些都不得清楚。急了则担心军民的负担不能承受，这就寄希望于继任者在不增加赋税的前提下慢慢来吧。

现今渠修成了，财政和司法部门的官员，嘱托我为渠道取名，并撰文记载修渠的经过。我也表扬财政、司法两部门各位官员的尽心竭力修成这条渠，高兴地说『民以食为天，水是粮食的基础。然而水既可为利，也可为害，全在于善于引导了。大禹挖土排水，如同自己溺水，后稷播种百谷，如同自己受到饥饿，万世之功呀！现在财政、司法二部门修复这条渠，引来河水，虽不敢企及大禹后稷的万分之一，但是让陕西军民能沾到好处，这功劳也不可泯没了』。曾经也听说前对这渠道说法有三种：一是要充分发挥修渠修坝的作用，二是要安装板闸防洪设施，三是要开通出土的便利。现在渠道和拦水堰都修好了，出土的道路开通了；但板闸这种防洪设施不能不重视呀。在骆驼湾西面百余步，渠身两面石壁，开凿切口道。当时开设这种切口，恐怕是遇到泾水暴涨以及洪拦水堰倒塌时，立即放下闸门，以便防备混浊的洪水淤淀渠道。『平流』闸门，在退水槽附近下面十步远，渠身两面石壁也有切口四道。这是在浇田结束以后，水已经无用，就打开这道闸门用以退水，由退水槽返回泾河。另外，当泾河上涨时候，有时汹涌之波浪不能突然排出，有时已经排下但是水流四处散漫，这退水闸用以预防不测。这都是古代人的好办法，不可废除而不用。今二司各位官员，又将各个闸门迁移修理，根据情况打开或关闭，那么浊泥就不能进入渠道，疏导之功力可因此减少一半。自此以后，即使天不下雨，却有如受雨的好处，即使土地条件不好，也有取得好收成的条件。想怎么应用就怎么应用，自然没有不富足的。灌溉这里的农田，灌溉这里的菜园，浇灌那里的桑麻，浇灌那儿的庄稼，每年获得丰收，没有荒年歉月；农田取得丰收，粮食是平常收成的五倍。那么我们军民所仰仗依赖的粮食等，怎么会用完呢！所以我给渠取『广惠』，大家都认同。还曾听说元代的王御史，建修此渠三十余年，而工程尚未能完成，详细记录在《泾阳县志》。现今渠道不到五年就修成的原因，是众工匠聚集，物资供给不吝惜，又用人得当。如果后来的继任者，能按时修葺，效益就可保长久，否则我就不敢想象了。但是现今的渠道，有依在原有渠道继续增加的地方，也有脱离旧渠道而新建的，以及那些修渠使用之花费，为帮助修成渠道作出贡献人员的姓名，以及历代渠道因革画图，全部把这些内容刻在碑石的背面，用来告诉后来的人吧。碑记写成了，我再为此写首词：

词的大意为：低头怀念郑国白公啊古代的人，创修泾渠啊把水势划分；灌溉田亩啊老百姓欢欣，经历汉代直到宋今继续建立功勋。在盛世啊王侍御史，疏导上游啊令老百姓敬仰他；几百年了水不流了，老百姓没有收成啊尽管劳累耕作。现在集合工匠啊老百姓很辛苦，我劳累了百姓啊百姓心里焦急；难道是为满足我的愿望啊不管百姓的情绪，你们那里知道这完全是为了你们自己。工已经结束啊老百姓安逸了，田土浇灌肥沃了国家充足富实了，渠名广惠啊利益无边，这是圣上的伟大力量啊是我的职分。

廣惠渠工程記錄碑

撰文：项忠　書丹：張瑩

年代：明成化五年（公元一四六九年）

工程：

龍山洞北至新開廣惠渠口，長五十四丈二尺，上廣闊一丈，下廣闊八尺，計積工一十八萬五千三百六十四工，每一尺為一工。

龍山洞長三十一丈六尺，洞高九尺，廣闊八尺，計積工二萬二千七百五十二工。

龍山洞南至王御史接水渠口，長一百九十二丈四尺，隨其山勢高低不等，上廣闊一丈，下廣闊八尺，計積工六十五萬八千八工。

通共積八十六萬六千一百二十四工。南北通共長一里五分四厘五毫，夫匠通共一千八百六十八名。

石匠六百八十六名，鐵匠一百二十五名，木工三十九名，正夫六百四十八名，雜夫二百一十二名，火頭一百五十八名。

買辦用過銀兩：

銅一萬九千三百四十九斤一十兩，鐵二萬六千四十三斤一十兩，木炭一百九十三萬九千八百七十九斤，石炭二千六百七十三石四斗五升，施湯米二百五十石。石灰一千九石二斗，麻二千一百斤，酒米□□·······清油四千九十斤。賞匠銀四百四十兩二錢。

共支銀一千九百四十四兩四錢九分二厘九毫。

夫匠口糧：一萬四千七百二十六石二斗。

官倉糧六千三百八十三石七斗：涇陽縣□□·······，三原縣□□·······，高陵縣一百二十一石五斗，禮泉縣一百五十六石一斗五升，臨潼縣二百八十二石一斗五升。利戶糧八千三百四十二石五斗；涇陽縣三千六百四石九斗五升，三原縣四千七百三十七石六斗。

供事：

陝西布政司照磨閻文義

陝西按察司照磨李　志

西安府同知趙桂，管工經磨賴讓，知事潭深，照磨賀昭，檢校田俊

涇陽知縣龐輔，管工主簿楊昱，吏劉廣，老人王彪、何寬、宋玘、魏顯宗、陰陽生王震，醫生洛昭，書算生張昭、袁真。

高陵縣知縣馬政，老人成端，醫生張杲。臨潼縣知縣高恆，老人田剛，醫生王剛。興平縣知縣宋

□。鄠縣知縣史侃，陰陽生馬記。盩厔縣知縣馬□，陰陽生辛懷。耀州知府白福，醫生孫玉。三原縣丞張宣，吏劉清，醫生王璉。富平縣主簿劉禎，醫生段伯通。同官縣知縣孟浚。

同州知州安□，陰陽生楊□，白水縣知縣王旭。

乾州知州許琪，醫生嚴□，禮泉縣知縣□浚，醫生張愛，武功縣知縣孟□，永壽縣知縣胡□。

邠州知州王鑒。淳化縣知縣範錦。

華卅蒲城縣知縣□□。

【译文】

工程：

龙山洞北至新开广惠渠口，长五十四丈二尺，上广阔一丈，下广阔八尺，计积工一十八万五千三百六十四工，每一尺为一工。

龙山洞长三十一丈六尺，洞高九尺，广阔八尺，计积工二万二千七百五十二工。

龙山洞南至王御史接水渠口，长一百九十二丈四尺，随其山势高低不等，上广阔一丈，下广阔八尺，计积工六十五万八千八工。

通共积八十六万六千一百二十四工。南北通共长一里五分四厘五毫，夫匠通共一千八百六十八名。

石匠六百八十六名，铁匠一百二十五名，木工三十九名，正夫六百四十八名，杂夫二百一十二名，火头一百五十八名。

买办用过银两：

铜一万九千三百四十九斤一十两，铁二万六千四十三斤一十两，木炭一百九十三万九千八百七十九斤，石炭二千六百七十三石四斗五升，施汤米二百五十石。石灰一千九石二斗，麻二千一百斤，酒米□□・・・・・・清油四千九十斤。赏匠银四百四十两二钱。

共支银一千九百四十四两四钱九分二厘九毫。

夫匠口粮：一万四千七百二十六石二斗。

官仓粮六千三百八十三石七斗：泾阳县□□・・・・・・，三原县□□・・・・・・，高陵县一百二十一石五斗，礼泉县一百五十六石一斗五升，临潼县二百八十二石一斗五升。利户粮八千三百四十二石五斗；泾阳县三千六百四石九斗五升，三原县四千七百三十七石六斗。

供事：

陕西布政司照磨阎文义

陕西按察司照磨李　志

西安府同知赵桂，管工径磨赖让，知事潭深，照磨贺昭，检校田俊泾阳知县庞辅，管工主簿杨昱，吏刘广，老人王彪、何宽、宋玘、魏显宗、阴阳生王震，医生洛昭，书算生张昭、袁真。

高陵县知县马政，老人成端，医生张杲。临潼县知县高恒，老人田刚，医生王刚。兴平县知县宋□。鄠县知县史侃，阴阳生马记。盩厔县知县马□，阴阳生辛怀。耀州知府白福，医生孙玉。三原县丞张宣，吏刘清，医生王琏。富平县主簿刘祯，医生段伯通。同官县知县孟浚。

同州知州安□，阴阳生杨□，白水县知县王旭。

乾州知州许琪，医生严□，礼泉县知县□浚，医生张爱，武功县知县孟□，永寿县知县胡□。

邠州知州王鉴。淳化县知县范锦。

华卅蒲城县知县□□。

广惠渠记碑阴·历代因革画图

記事之碑

撰文：項忠　書丹：嚴憲

年代：明成化五年（公元一四六九年）

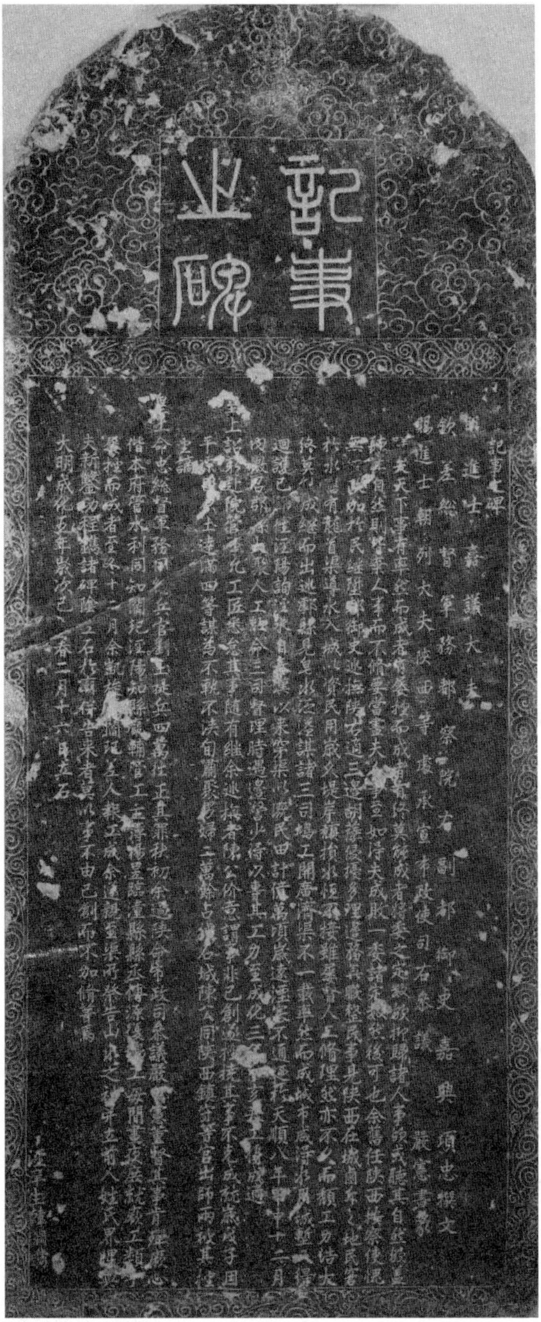

碑头

而成者有屢挫而成者將委之定數歟
事而不脩要當盡夫人事至如浮失成敗一委諸定數
御史逃撫陝右適三邊胡虜侵擾多理邊務共暇整
水入城以資民用歲久堤岸頹損冰恆不接雖屢皆人
鄜縣見皂水泛涇謀諸三司鳩工開廣濟渠不一載率
涇水自秦漢以來穿渠以漑民田計億萬頃歲遠湮塞
工数令三司督理時遇邊警少浮以專其工功至成化

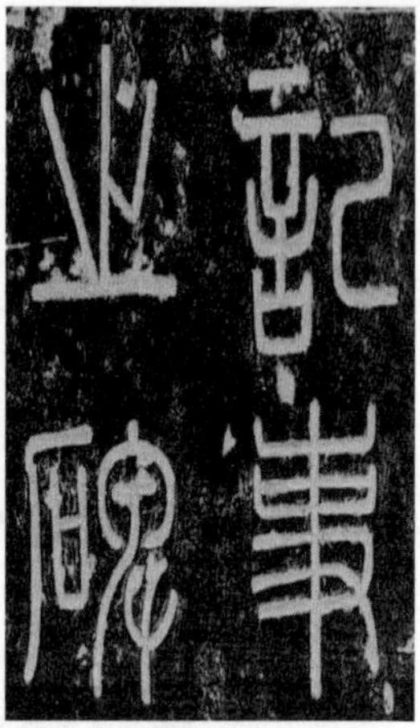

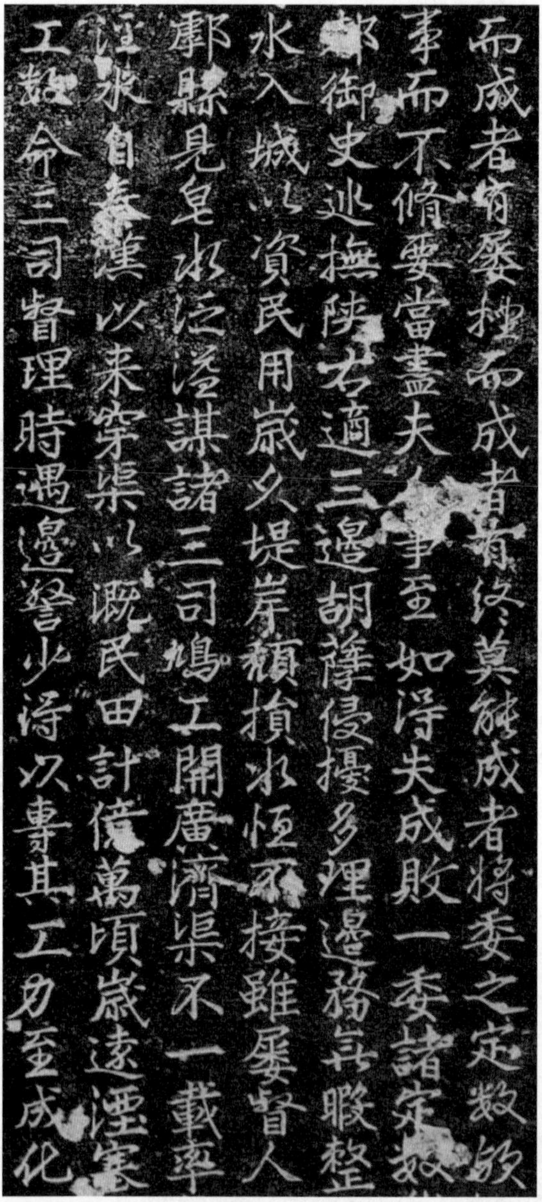

碑文局部

【碑文】

賜進士嘉議大夫欽差總督軍務都察院右副都御史　嘉興　項忠撰文

賜進士朝列大夫陝西等處承宣布政司右參議　嚴憲書篆

嗟夫！天下事有率然而成者，有屢挫而成者，有終莫能成者。將委諸定數歟？仰歸諸人事歟？或聽其自然歟？蓋聽其自然，則皆弃人事而不修。要當盡夫人事，至如得失成敗，一委諸定數然後可也。

余舊任陝西按察使，愧無德政加於民；繼升都御史，巡撫陝右，適三邊胡孽侵擾，多理邊務，無暇整民事。見陝西在城鹵斥之地，民窘於水，舊有『龍首渠』導水入城，以資民用，歲久渠堤頹損，水恆不接；雖屢督人工修理，然已不久而頹，工力浩大，終莫能成。繼而出巡鄠縣，見皂水泛溢，謀諸三司，鳩工開『廣濟渠』，不一載率然而成。城市咸得用水，城塹又得回護。已而往涇陽，詢涇水自秦漢以來，穿渠以溉民田，計億萬頃，歲還堙塞不通。

乃於天順八年甲申十二月內，檄召郡縣，大聚人工，數命三司督理。時遇邊警，少得以專其工力。至成化三年丁亥春，工將成，適皇上詔取赴院管事，凡工匠熟悉怠其事。隨有繼余巡撫者陳公價，意謂事非己創，遂挫撓其事。歲戊子，因平凉固原士達滿四等謀為不軌，不浹旬，嘯聚男婦二萬餘，占據石城，陳公同陝西鎮守等官出師，兩被其挫，坐謫。皇上命忠總督军務，同總兵官劉玉，提兵四萬，往正其罪。秋初余過陝，命布政使參議嚴公憲董督其事，肯殫厥心。偕本府管水同知閻玘、涇陽知縣龐輔、管工主簿楊昱、臨潼縣丞傅源復鳩工。毋間晝夜，庶就厥工，類乎亹挫而成者。至冬十二月，余凱旋，適閻玘差人報工成，余遂親詣渠，祭告山水之神，并立前人姓氏界牌與夫新鑿功程，鐫諸碑陰，立石於廟。并告來者，莫以事不由己創而不加修葺焉！

大明成化五年歲次己丑春二月十六日立石涇庠生韓綱鐫

【背景】　本碑与之前碑《新开广惠渠记》同时撰文立石，乃是项忠对前文的补充说明。广惠渠正式施工，开始于明天顺八年（公元一四六四年），第三年，也就是成化三年（公元一四六七年），项奉召离任，接替巡抚职务的是陈价，此人对渠事漠然置之，使工程停顿。第四年项忠奉命西征过陕，只得重新部署，遂责成西安府管水同知（分管水利的副知府）阎玘执理复工。第五年项忠西征凯旋归来时，阎玘邀功心切，便谎报竣工，于是项忠有此两文的发表。关于碑阴所记『历代修渠界牌』是他们对古代渠道引水口位置的标志，可惜那些界牌早已湮灭不存。仅有《新开广惠渠记》碑阴的『历代因革书图』尚基本清晰，可供参考。

【译文】 天下的事情，有很轻易就成功的，有经历多次挫折才成功的，有终未能成功的。将这归于命运吗？或归于人的主观努力吗？或任其自然呢？若要顺其自然发展，那就完全放弃了人的主观努力。一定要充分发挥人的主观能动作用，至于结果成败，再交给命运吧。

我过去担任陕西按察使，惭愧没有德政带给百姓；接着升任都御史，做了陕西巡抚，适逢边疆胡人侵扰，更多时间处理边疆军务，无暇管理民事。看到陕西在盐碱地上建城镇，百姓窘迫于缺水。过去有『龙首渠』引水入城，供给百姓使用，年代久了，渠堤倒塌损毁，水流常常不能继续；尽管多次督派人工修理，但是时间不久又倒塌了。工程量浩大，终究未能如愿。接着我出巡鄠县（今户县），见皂河水泛溢。就和本省各部门商议，集合工匠，开凿『广济渠』，不到一年就轻松完工了。城市都能用到水了，护城河充水功能也得以恢复。不久我去泾阳，了解到泾河水自秦汉以来，穿凿渠道灌溉百姓田地，累计有亿万顷，然因年代太久已淤积堵塞不通。

就在天顺八年甲申十二月内，发公文召集各府名县，大聚民工，多次命令三司督办。此时边关报警，很少能够专门协调用工的事情了。到成化三年丁亥春，工程将要完成，适遇皇上下诏调我回京管理都察院事务。所有的民工匠工都对修渠工作松懈了。随后接替我任巡抚职务陈价，他心里认为修渠事务不是他自己开建的，就阻挠工程建设事务。戊子年，因为平凉固原的土达、满四等人图谋不轨，不满十天，结伙聚集男女二万余人占据甘肃石城。陈公会同陕西镇守等官员出师，两次被其挫败，陈就地降职。皇上命忠总督军务，同总兵官刘玉，带兵四万前去讨伐以正其罪。秋初，我经过陕西，命令布政使参议严宪负责督办修建工程事务，他愿意竭尽全力。他与本府管水同知阎玘、泾阳知县庞辅、管工主簿杨昱、临潼县丞傅源重新集合民工。昼夜不停，后完成了这一工程，就像经历多次挫折而成功的那样。到冬季十二月，我平叛胜利归来。恰好阎玘派人报告工程完成。我就亲自来工地，祭告山水之神，并将前人所修工程界牌和新开凿渠道的工作量，都刻在碑的背面，立碑石于神庙。并告诉后来的人，不要因为不是自己创建的就不加以修葺啊！

告文碑（記事之碑的碑陰）

撰文：項忠　書丹：嚴憲

年代：明成化五年（公元一四六九年）

告文

維成化四年歲次戊子十二月丁亥朔

越十八日甲辰

欽差總督軍務都察院右副都御史項忠等謹

以牲醴之奠告祭于

仲山神

涇河之神曰渠通涇水爰自前世歷載既久

漸至壅滯堤堰未備烝民失利予舊巡

撫專任脩治鑿山疏導溉田萬億厥功

將成名渠廣惠既予赴京留院管事代

予之人罔肯相繼遂延遠今幾致是廢

忠近者奉

命西征首惟舉議復委僚屬工後就緒今予凱

還特伸告祭

神其鑒之陰祐弗替尚

享

【碑文】維成化四年，歲次戊子十二月，丁亥朔，越十八日甲辰。欽差總督軍務、都察院右副都御史項忠等謹以牲醴之奠，告祭于仲山之神、涇河之神曰：渠通涇水，爰自前世。歷載既乆，漸至壅滯。堤堰未脩，丞民失利。予舊巡撫，專任脩治。鑿山疏導，溉田萬億。厥功將成，名渠廣惠。既予赴京，留院管事。代予之人，罔肯相继。遂延逮今，幾致見廢。

忠近者奉命西征，首惟舉議。復委僚屬，工鑱就緒。今予凱還，特伸告祭。神其鑒之，陰祐弗替。尚享！

【译文】在成化四年，这一年岁星正对应着戊子，十二月的初一是丁亥，再过十八日是甲辰日。这一天，欽差總督軍務、都察院右副都御史項忠等人恭敬地用牲口醴酒等祭祀礼品，向仲山的山神、涇河的水神祭祀禀告说：开渠道接通涇保水，这是自前世就有的。经历的年月已经很乆了 逐渐形成壅塞。渠堤坝堰没有维修，老百九失去了水利条件。我旧日曾担任陕西巡撫，曾经專漳派人维修治理。开鑿山疏導水，灌溉田地萬億亩。这件事將成功的时候，给这渠起名廣惠渠。以后我调离赴京城，留在都察院管事。代替我担任陕西巡抚的人，不肯继续我的水利事业。就一直拖延到今天，几乎要被他废除掉了。

我项忠近来奉命西征，开始提出这事来商議。又委派官员部属负责这项水利工程，工人和工具都准备就緒。现在我西征凱旋，回到陕西，特地说明情况报告并祭奠山神水神，你们可要明察啊，保护我们不要停止。请享用吧！

歷代脩渠界牌碑（記事之碑的碑陰）

撰文：項忠　書丹：嚴憲

年代：明成化五年（公元一四六九年）

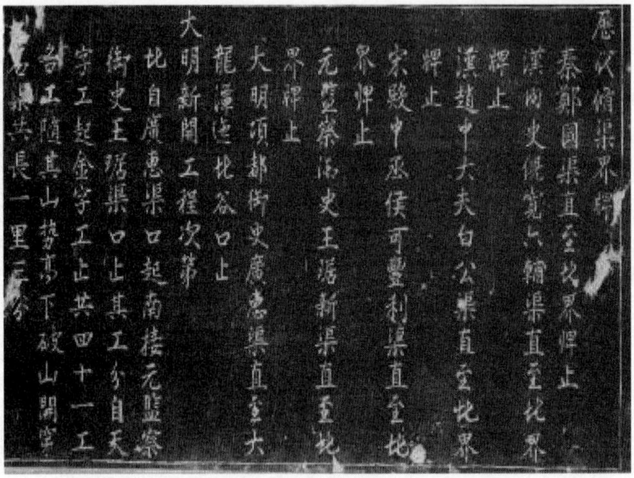

歷代脩渠界碑

秦鄭國渠直至此界碑上

漢御史倪寬六輔渠直至此界

碑上

漢趙中大夫白公渠直至此界

碑上

宋殿中丞侯可豐利渠直至此

界碑上

元監察御史王琚新渠直至此

界碑上

大明項都御史廣惠渠直至大

龍潭迤北谷口上

大明新開工程次第

比自廣惠渠口起南接元監察

御史王琚渠口止其工分自天

字工起金字工止共四十一工

每工隨其山勢高下破山開穿

石渠共長一里三分

【碑文】 秦鄭國渠直至北界牌止；漢內史兒寬六輔渠直至北界牌止；宋殿中丞侯可豐利渠直至北界牌止；元監察御史王琚新渠直至北界牌止；大明項都御史廣惠渠直至大龍潭迤北谷口止。

大明新開工程次第：

北廣惠渠口起，南接元監察御史王琚渠口止。其工分自『天』字工起，『金』字工止，共四十一工。各工隨其山勢，下破山開穿石渠共長一里三分。

【译文】 秦郑国渠直至北界牌止；汉内史兒宽六辅渠直至北界牌止；宋殿中丞侯可丰利渠直至北界牌止；元监察御史王琚新渠直至北界牌止；大明项都御史广惠渠直至大龙潭迤北谷口止。

大明新开工程次第：

北广惠渠口起，南接元监察御史王琚渠口止。其工分自『天』字工起，『金』字工止，共四十一工。各工随其山势，下破山开穿石渠共长一里三分。

重修廣惠渠記碑

撰文：彭華書丹：戴珊

年代：明成化十八年（公元一四八二年）

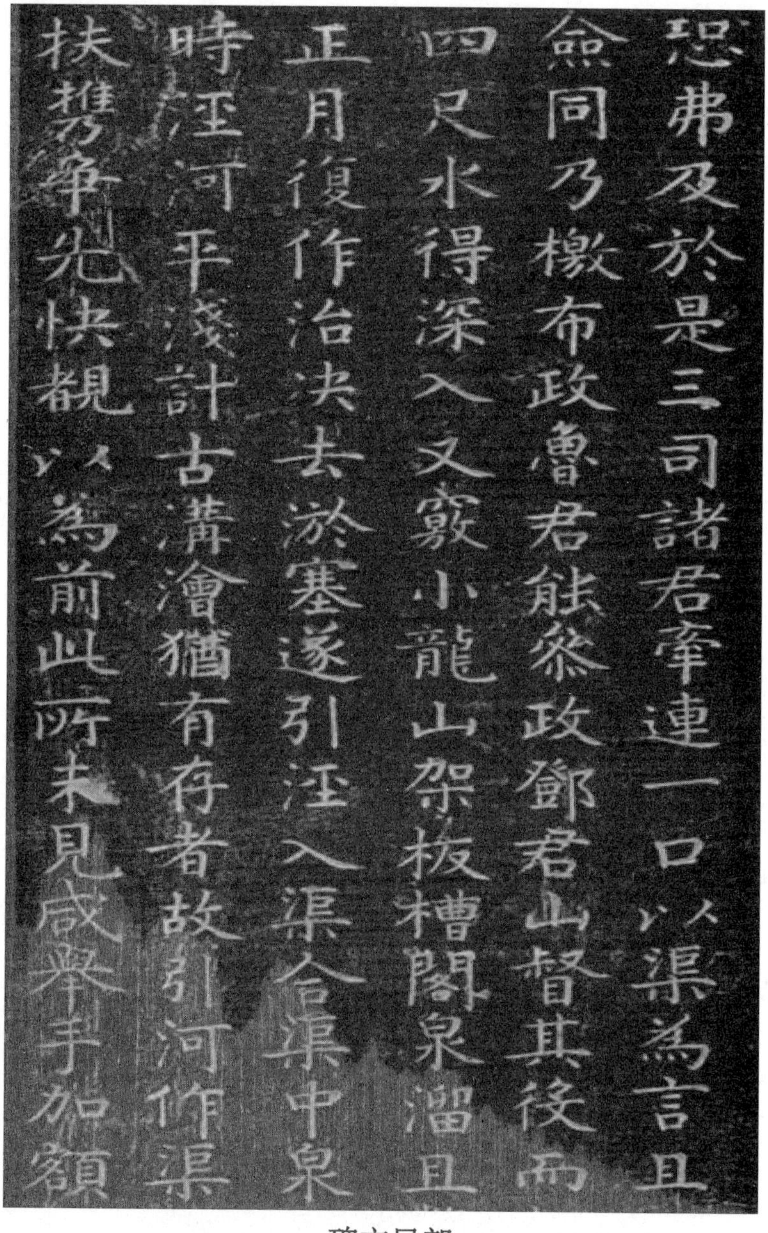

愳弗及於是三司諸君牽連一口以渠為言且
僉同乃檄布政魯君能參政鄧君山督其後而
四尺水得深入又竅小龍山架板槽閣泉溜且
正月復作治決去淤塞遂引涇入渠合渠中泉
時涇河平淺計古溝澮猶有存者故引河作渠
扶携爭先快觀以為前此所未見咸舉手加額

碑文局部

【碑文】

□□□□□□詹事兼翰林學士經筵講官同修國史　安成　彭華　撰文

□□□□□□陝西等處承宣布政使司左參政崞山　梁璟　篆額

□□□□□□陝西等處提刑按察司副使　　浮梁　戴珊　書丹

關中古稱形勝，富饒甲天下，形勝出於天造，富饒則亦有人力與焉。自秦得韓人鄭國，鑿引涇水為渠，溉田四萬餘頃，關中遂為沃野，無凶年。及漢白公復奏穿渠引涇水，起谷口入櫟陽注渭，中溉田四千五百餘頃，民因歌咏兩渠之饒；至有宋時梁鼎、陳堯叟〔一〕言：『今涇水溉田，不及二千頃，皆因近代改修渠堰，浸隳舊防，鄭渠難為興作。』請復修白渠，既修復之，民獲數倍；歷金及元，渠堰缺壞，御史王承德〔二〕請於涇陽洪口，展修石渠，卒以成功，載諸史可考也。

我皇明撫有四海，視關中為重鎮，每廷命大臣撫巡之。往者數於王御史渠口，修堰行水，歲久漸圮，堰弗治。今上紀元成化之初，副都御史項公忠，請自舊渠上并石山開鑿一里餘，就谷口上流引入渠，集涇陽、醴泉、三原、高陵、臨潼五縣民就役，穿小龍山、大龍山，役者咸篝燈以入，遇石剛頑，輒以火焚水淬或泉滴瀝下，則戴笠披蓑焉！功未就，項召還朝。戊子項復西征過陝，命有司促功責成，及奏凱還，亟以成功紀於石，名其渠曰『廣惠』。而渠實未通也。丙申，右都御史余子俊又經略之，於大龍山鑿竅五〔三〕以取明，疏其渠曲折淺狹者。逾年，余以兵部尚書召，又弗克就。訖其功者，副部御史阮公勤也。

公下車即詢民所利病，圖興革之，唯恐弗及。於是三司諸君，牽連一口，以渠為言；且曩者之費，率徵利及之民，今民未獲利而復徵之，恐不堪命。阮曰然，盍以帑藏金粟募工市材，食役者，功成然後責償於民可也。衆議僉同，乃檄布政魯君能，參政鄧君山督其役。而朝夕躬任程課徠勞者，西安府同知劉端也。用匠幾四百人，五縣之民，更番供役，役以辛丑二月興。渠口有石卧渠中鉅甚，乃堰水以西，鑿石四尺，水得深入；又竅小龍山，架板槽閣泉溜，且鑿且疏，深者至五尺，淺者至二三尺，廣可八尺。六月大雨，河溢壞堤，涌沙石壅渠，俟少間，即築堤堰水，疏渠鑿石，工愈勤。至十月水冰，輟工。明年正月復作，治決去淤塞，遂引涇入渠，渠合中泉水深八尺餘，下流入土渠，汪洋如河。又下流至古所謂『三限渠』——曰中限、南限、北限者。中限至彭城閘，又分四渠，溉五縣田八千餘頃。

初秦漢時涇河平淺，計古溝洫猶有存者，故引河作渠，直易易耳。年久河益深，水勢與渠口相懸，益就上流然後能引水。而疏鑿非故渠，且多石，故用其力尤難，而成功尤可喜。渠成，遠近之民，歡呼扶攜，爭先快睹，以為前此所未見，咸舉手加額曰：『上之人所賜也』！而諸方岳〔四〕咸歸功於都憲公，推布政余君洵，按察使左君鈺，請於公曰：『盍勒碑紀其成功』。曰：『賴聖明在上邊境無虞，庶凡來莅兹土者，皆究心民事，逾十七八年，乃克成兹澤耳，若備紀之，俾後之人知其難勿隳廢焉，庶其為澤無窮期也。』

因鄧君來京，遂以請於華。竊惟古聖王裁成天地之道，輔助天地之宜，以左右民，若『井田』之制，有溝有洫，有澮有川，豈惟以『經界』乎哉？其所以為民計至深遠也。自井田壞，水制隳，裁成輔相之大端缺矣。凡歷二千年，以至於今，廢隳益甚，國家仰給，全在於東南，中原之利，蓋十不及古二三，一遇旱潦，往往填溝壑，散四方者，無怪乎其然也。於戲！安得吏於中原者，皆宅心仁愛、汲汲興利、澤以濟民如公等乎！若然，則不獨關中之富饒可漸復如古昔也。阮公字必成、勤其名也，華同年友，歷官三十載，所至皆可紀云。

大明成化十八年歲在壬寅冬十月吉日立

【背景】 广惠渠由项忠发起，接连有多任陕西巡抚经营，至阮勤继任时才最后竣工，共断续作业十八年（公元一四六四～一四八二年）。据先后碑文看，项忠领导的工程历时五年（公元一四六四～一四六九年），而渠实未通；后余子俊主持施工，由丙申（公元一四七六年）开始，到戊年（公元一四七八年）又再度中止；阮勤是由辛丑（公元一四八一年）二月兴工，次年秋冬之际告竣。在前后十八年期间，工程实际施工时间共八年。由此也能看出，当时广惠渠工程是困难而艰巨的，不仅进展缓慢，而且经费的筹措和工程质量都曾存在不少问题。

阮勤领导施工时，使石渠向上游伸展，并接开小龙山隧洞，同时合引泉水。阮勤能够不再向农民摊派，采取『出帑藏金粟募工市材』方式（即由国家投资），以减轻百姓负担，从而保证了这一旷日持久的工程竣工通水。

【注释】

（一）『梁鼎、陳堯叟』：梁鼎是北宋名臣，也是宋代有名的治水人物，《宋史》有傳。至道初年与朝官陈尧叟共同上书朝廷，建议复兴白渠。梁当时在朝任『度支判官』。

（二）『王承德』：即王琚。王的御史官职之外，还有一个『承德郎』的头衔，遂亦被称王承德。

（三）『於大龍山鑿竅五』：即在整治大龙山隧洞工程时，打过五个支洞口。

（四）『諸方岳』：比喻各方大官员。

【译文】 关中自古被认为位置优越，地势险要，富饶甲天下，地势优越出于自然造成，物产富饶却与人的参与不可分啊。自从秦国得到韩国人郑国，开凿渠道引泾水，灌溉田地四万余顷，关中才成为沃野，没有灾荒年了。到汉代白公又上奏朝廷，穿凿渠道引泾水，渠水自谷口入栎阳、退水入渭河，其中灌溉田地四千五百余顷，百姓因此歌吟咏郑国、白公两渠所带来的富饶。到了宋代，梁鼎和陈尧叟上奏：『现今泾水灌溉田地，不到二千顷，均因近代改修渠堰，浸泡毁旧有堤防，使郑国渠难以发挥作用。』请求修复白渠。白渠修复后，百姓收获成倍增加；经历金代及元代，渠堰损坏，御史王承德请示朝廷，在泾阳洪口开凿延长石渠，终于因此成功，记载史书可以考查。

我大明朝拥有广大地域，把关中看成重要战略地位，朝廷经常任命大臣巡抚视察。前人多次在王御史渠口修堰引水，但年久了逐渐倒塌，拦水堰也没有治理。按当今皇帝年号为成化的初年，副都御史项忠、向朝廷请求从旧渠再往上开凿石渠一里多，在谷口上游引水入渠，召集泾阳、礼泉、三原、高陵、临潼五县民工，打隧洞穿透小龙山、大龙山，民工都是打着灯笼进入洞中，遇到石层坚硬，常以火烧水激，或有泉水滴流下来，所以戴着竹笠披着蓑衣！工程未完，项忠被召回朝廷。戊子年（第二年），项忠又西征甘肃经过陕西，命令有关部门加紧实施以完成，等胜利归来，立即把修渠成功的事纪载到碑石上，命名这条渠为『广惠』渠。但渠道实际并未开通。丙申年，右都御史余子俊又筹划此事，在大龙山隧洞开凿五个支洞采光，疏通渠道曲折浅狭的地方。过了一年，余子俊因担任兵部尚书被召回京城，又未能完工。完成这项功业的是副都御史阮勤。

阮公一上任就询问百姓关心的利害问题，考虑改革，唯恐不及。此时，三司官员，众口一辞地就渠道提出看法；以前修工程的费用，大都向百姓征收水利赋税。现今百姓没有获水利还向他们征税，恐怕难以承受。阮公说『对』。何不用官府库存的钱币粮食来招募工匠购买材料，给参加劳役的人提供饭食，功业完成后，可以再向老百姓要求补偿。大家一致赞同。于是发公文派布政使鲁能，参政邓山督办这项工程。而朝夕亲自考核任务调集劳力的人是西安府同知刘端。使用匠工近四百人，五县的百姓，轮流参加劳役，工程在辛丑二月开始。渠口当中有一巨石把水拦在了西侧，需要开凿山石四尺，才使渠水能够深入；又在小龙山挖洞，在洞架板槽收集外排渗漏的泉水，边凿边排，深的达到五尺，浅的达到二三尺，宽度可达八尺。六月份下大雨，泾河涨溢冲坏渠堤，涌来的沙石堵塞了渠道，等待暴雨稍停的间隙，立即筑堤坝拦水，疏通渠道开凿石头，劳工更加勤劳。到十月渠水结冰才停工。第二年正月重新干活，治理决口，除去淤塞，于是引泾水进入渠道，渠道会合中途泉水深八尺多，往下流入土渠，汪洋像河流。又往下流到古代所说的『三限渠』——就是中限、南限、北限三条渠。中限渠到彭城闸，又分成四条支渠，灌溉五县田地八千余顷。

当初秦汉时泾河平浅，估计古代田间的沟渠还有保存的，可直接引河水作渠水，那简直容易的很。年代久了河床更深了，水势与渠口高低悬殊，又要到更上游拦水，这样以后才能引水入渠。但是疏导开凿的已经不是原来的渠道，并且多有山石，所以施工用力特别困难，于是成功就特别可喜。渠口修成，远近的百姓扶老携幼欢呼着，争先高兴地观看，认为在这以前从没见过，都把手举到额头上说：『这是上面大人物恩赐的呀』！各方官员都认为应归功于都宪公阮勤大人，推举布政使余洵，按察使左钰，向阮勤大人请求说：『应刻碑石纪念这项水利工程的成功』。阮勤大人说：『全伏皇帝圣明，边境没有危险，凡来到这块土地的官员，都专心研究民事，过了十七八年，才完成这项利民工程，你们详细纪录下经过，使后人了解其艰难不要损坏荒废，这样才可以永远造福民众啊。』

因邓君来京城，就请我（彭华）撰写碑文。我认为只有古代的圣明帝王掌握大自然的规律，辅助利用大自然的有利条件，来统治老百姓，如『井田』制，有大渠小沟，有细流有大河。怎能只以水经来划分呢？那正是为老百姓谋划到深远的表现啊。自从废除井田制坏，水管制度被废除，掌握自然、利用自然的重要方针缺失了。这样历经二千年，以至于到现在，荒废损坏的情况更严重了。国家所仰仗的物资供给，全部在于东南方。中原一带的物产，不及古代的十分之二三。一遇上旱涝灾荒，百姓往往填埋沟壑，活着的逃散四方，像这样是毫不奇怪呀。唉！怎能使在中原做官的人，都存心仁爱、急切地为民兴利、像阮勤公等人用恩泽来救济百姓呢！如果这样，那么不仅关中富饶可逐渐恢复到像古代从前了。阮公字必成、勤是他的名，我彭华和他是同年朋友，历任官职三十年，所到的地方都值得记载。

奉和巡撫余公題重鑿廣惠渠詩碑

撰文：魯能　書丹：李澄

年代：明成化十九年（公元一四八三年）

【碑文】

導引涇流灌井田，庶民農事樂忻然；柏臺〔一〕寧舉無窮利，薇省能慳有限錢。
穿洞豈因秦國計，鑿渠還接白公泉；關中鼓腹歌謡頌，籌策誰知上相賢。

左布政使　新會　魯能

古浚涇渠灌溉田，沿流開拓事同然；因民興利無窮利，為國需錢不計錢。
萬頃菑畬〔二〕豐稼穡，千年地脈涌淵泉；緬懷大禹功成浩，七邑人民仰世賢。

右布政使　四明　余洵

涇陽水利

一水雲奔萬井通，春來閑卻桔槔〔三〕翁；劈開谷口心何苦，分破涇流利無窮。
今代書生誰建策，前朝才子未收工；村醪社鼓家家樂，旱魃〔四〕徒勞妒歲豐。

右參政　成都　鄧山題

題廣惠渠

今人不讓古人高，鑿石分涇肯憚勞；泉水正源聲汩汩；波揚平地勢滔滔。
功成無復施斤斧，利溥何須用桔槔；關內富饒知所自，片言留作萬年褒。

右參議　雲間　李澄書

大明成化十九年歲次癸卯夏六月吉日

高陵周鳳儀　勒

【注释】

〔一〕『柏臺』：御史台的别称。汉代御史台府列植柏树，后世因称御史台为柏台。

〔二〕『菑畬』：（ziyu 音兹余），指已开垦了一、二年的土地。这里指新发展的水浇地。

〔三〕『桔槔』：（jie gao 音洁高），亦称『吊杆』。一种原始的提取井水的工具。

〔四〕『旱魃』：既旱魔。古代神话传说，《神异经》：『南方有人，长二、三尺，袒身而目在顶上，走行如风，名曰魃。所见之国大旱，赤地千里，又名旱母。』

涇陽縣通濟渠記碑

撰文：刘玑　書丹：張鑾

年代：明正德十二年（公元一五一七年）

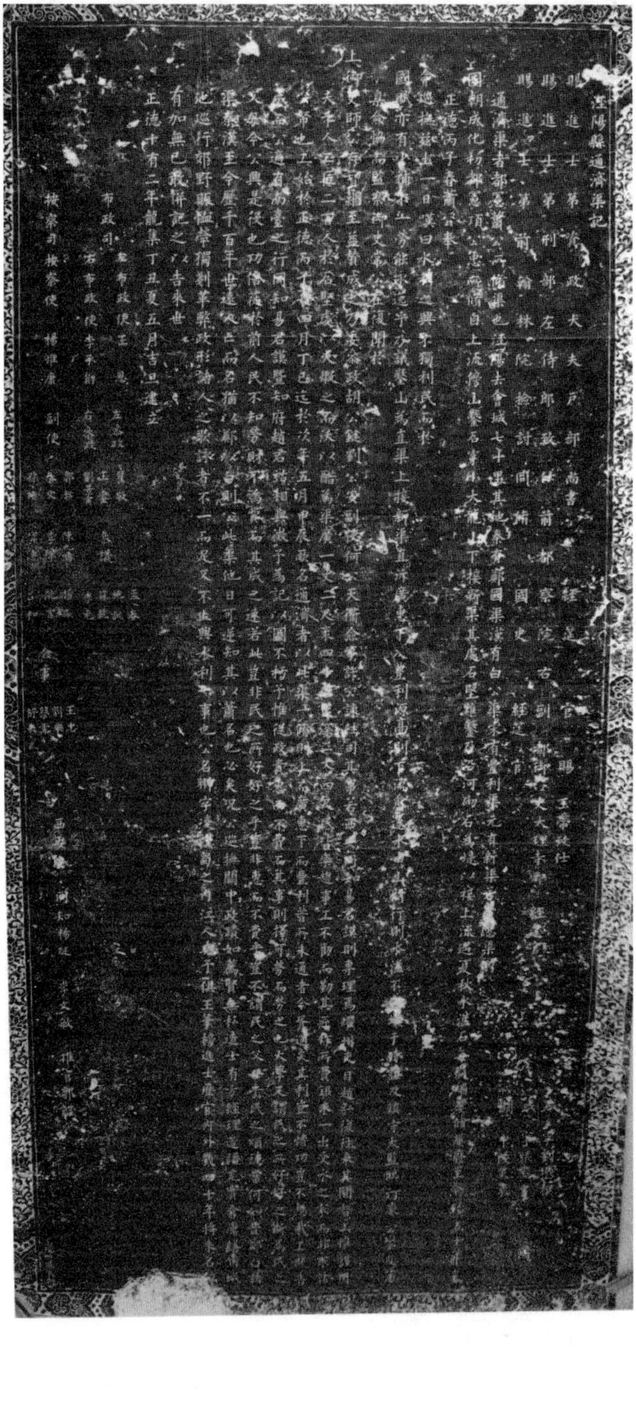

涇陽縣通
濟渠記
碑头

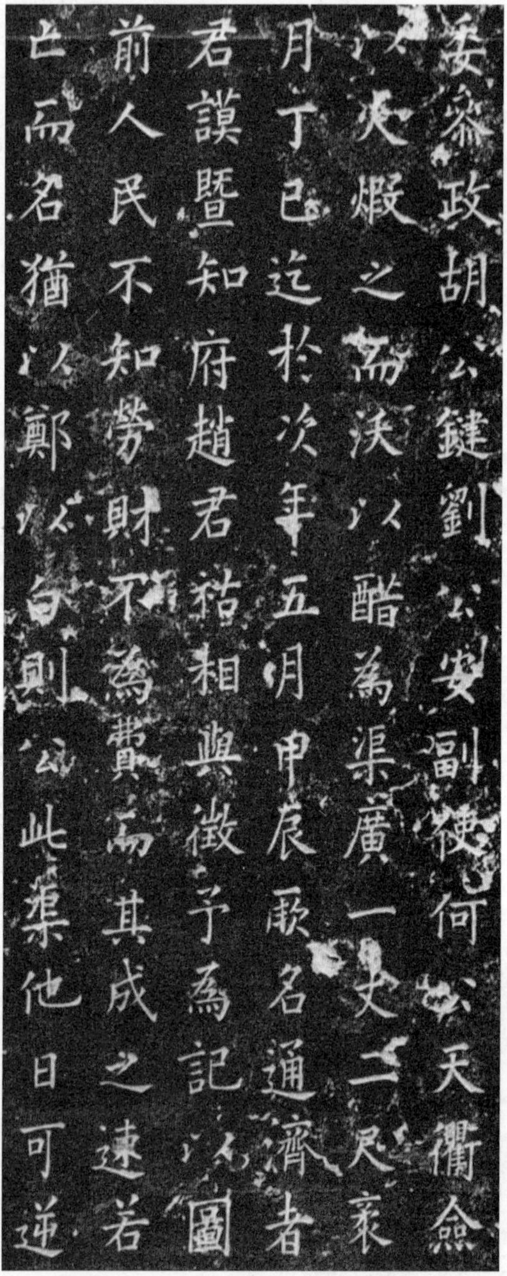
委參政胡公鍵劉公安副使何公天衢僉
以炎煆之而沃以醋爲渠廣一丈二尺袤
月丁已迄於次年五月甲辰厥名通濟者
君謨暨知府趙君結相與徵予爲記以圖
前人民不知勞財不爲費而其成之速若
巳而名猶以鄭以白則公此渠他日可逆
碑文局部

【碑文】

賜進士第資政大夫戶部尚書經筵官賜玉帶致仕　咸寧　劉璣撰
賜進士第刑部左侍郎致仕前都察院右副都御史大理寺卿經筵官　咸寧　張鑾書
賜進士第前翰林院檢討同修國史經筵官　關中　段炅篆

『通濟渠』者，都憲蕭公所修渠也。涇陽去會城七十里，其地秦有鄭國渠，漢有白公渠，宋有豐利渠，元有新渠。若『廣惠渠』，則國朝成化初都憲項公忠所修。自上流傍山鑿石，穿小、大龍山，下接新渠。其處石堅難鑿，乃沿河砌石為堤，以接上流；遇夏秋水溢，石每崩塌，屢修屢廢，至今殆五十年矣。正德丙子春，蕭公奉命巡撫茲土，一日嘆曰：『水利之興，不獨利民，而於國賦亦有少補，不一勞能永逸乎』！乃議鑿山為直渠，上接新渠，直溯廣惠，下入豐利。源高則下流愈遠，水由山間行則水溢不□（致）壞。於時□（商）及鎮守太監臨汀廖公鑾及藩、臬、僉協；而監察御史常公在復聞於上，御史師公存智繼至，益贊成之。乃委參政胡公鏈、劉公安，副使何公天衢，僉事許公諫往司其事。若西安同知易君謨則專理焉。耀州吏目趙弘復往來其間，督工惟謹。用夫千人，工匠二百人。於石堅處，以火煅之，而沃以醋。為渠廣一丈二尺，袤四十二丈，深二丈四尺。民皆樂趨事，工不勸而勤。其匠作所費銀米，一出受水之家，而非取諸公帑也。工始於正德丙子夏四月丁巳，迄於次年五月甲辰。取名『通濟』者，以此渠一修，則上而廣惠，下而豐利，昔所未通者，今胥通矣。其利豈不予惟博、工豈不懋哉！

工既告成，而公適有南臺之行[一]，同知易君謨暨知府趙君祜，相與徵予為記，以圖不朽。予惟『從政貴惠而不費』，而其事則『擇可勞而勞之』也。《大學》[二]又謂：『民之所好好之，斯為民之父母。』今公興是役也，功倍蓰於前人，民不知勞，財不為費，而其成之速若此，豈非『民之所好好之』乎！豈非『惠』，他日可逆知其以『蕭』名也必矣。况公巡撫關中政績，如薦賢無私、造士有方、經理邊疆、充實倉廪、繕修城池、巡行郊野、賑恤煢獨、剗革弊政，形諸人之歌咏者不一而足，又不止興水利一事也。公名翀，字凌漢，蜀之內江人。與予俱王華榜進士，歷官內外歲四十年，將來名位有加無已，敢并記之，以告來世。

正德十有二年龍集丁丑夏五月吉日建立

布政司　左布政使王恩　左參政翟敬　參議孟春　施訓

右布政使李承勛　右參政王鑾　劉景寅　參議蘇乾　李元

按察司　按察使楊維康　副使孫修　秦文　郭韶　寧溥　李璋　陳九

疇　楊鳳　阮吉　呂和

僉事舒表　蔡霈　劉舉　王忠

西安府同知楊廷　李文敏　推官郭經
高陵　周鳳儀勒

【背景】　广惠渠石渠段遗留问题很多，『通济渠』是第一次大型改善工程。作于明正德十一年（一五一六年）初夏。施工地段在今泾惠渠渠首二号隧洞以下起，止于宋丰利渠。是将原王御史渠与丰利渠衔接部所形成的弯曲段改直。广惠渠施工时，在这一段采取沿河砌石筑堤办法，但提防不禁泾河汛期洪水冲击，渠道屡垮；且因渠身弯曲，水流不畅，又易淤积，成为多事故段，并且『屡修屡废』。『通济渠』是对此裁弯取直，依山椎凿，使之成为通堑。现遗迹尚大致清楚，丈量长度为一百三十米，与明制四十二丈接近。工程仍由时任陕西巡抚萧翀领导。碑文作者刘玑，是当时退居的户部尚书，西安府咸宁（今长安）县人。

【注释】

〔一〕『南臺之行』：按明、清官制，凡出任地方督、抚的大员，在朝中要同时兼任都察御史或兼某部的尚书侍郎等官。

萧翀便兼有都察院副都御史职务。『南台』就是御史台（都察院所在地），『南台之行』是说萧此时到京城都察院去了。

〔二〕《大學》：儒家经典之一，原是《礼记》的一篇，约为秦汉之际儒家作品。宋代从《礼记》中把它抽出来，与《论语》、《孟子》、《中庸》相配合，成为《四书》之一。

【译文】『通济渠』是都宪萧公所修。泾阳距西安七十里，这里秦代有郑国渠，汉代有白公渠，宋代有丰利渠，元代有新渠。而『广惠渠』则是我明朝成化初年都宪项忠所修。从泾水上游傍山凿石，打隧洞穿小龙山和大龙山，下接新渠。那里石质坚硬，难以开凿，就沿泾河边砌石为堤，以连接上游；遇夏秋两季洪水涨溢，石堤常常崩塌，屡修屡损，至今五十年了。正德丙子春，萧公担任巡抚，一天感叹说：『兴修水利，不仅对老百姓有好处，而且对于国家税收也有一定的补充，不下一次工夫怎能永远安逸呢』！就商议开凿仲山直渠，上接新渠直到广惠渠，往下则入丰利渠。源头越高则水流的越远，水在山间流涨溢也不至于损坏堤坝。当时就和镇守太监临汀人廖銮，以及财政、司法部门官员商议一致；监察御史常在又向朝廷奏报。御史师存智继任后，更赞成此事。就委派参政胡键、刘安、副使何天衢、佥事许谏去负责这些事务，西安同知易谟则专职管理该事务。耀州吏目赵弘在工程上来回巡查、严格督促施工。工程投入民工千人，工匠二百人。在石层坚硬处，用火烧醋激法。为渠东西宽一丈二尺，南北长四十二丈，深二丈四尺。百姓也都乐于前去施工，民工不用监督也很很勤劳。工匠所花费钱粮，全部出自受水（受益）人家，而不是从国库中支取。工程开始于正德丙子夏四月丁巳，完工于第二年五月甲辰。取名『通济』，是因其上接广惠渠，下连丰利渠，此前没有贯通的，现今全部贯通了。它的利益难道不广博、工程难道不伟大吗！

工程既已完工，而公（萧翀）恰要去京城都察院任职。同知易谟暨知府赵祐，一起来请我写碑记，希望能永远流传。我只是一直认为『从政者贵在给人民带来好处而不浪费财力』，做事情则『选择值得的事再去投入辛劳』。《大学》又说：『民众热爱期望的事就去做，这才是老百姓的父母官。』现今萧翀公兴修这个工程，功效五倍于前人，老百姓不知劳累，国家财政支出不多，而且这么快就建成了，难道不是『百姓期望的就增做』吗！岂非『恩惠』呀，将来就知道为何用『萧』来命名了。何况萧翀巡抚关中的政绩，如无私荐贤、教育有方、经营治理边疆、充实国库、维修城墙和护城河、巡视郊区、救济孤儿和无依靠的老人、改革弊政，其他被大家称颂的不是一下就说完的。又不只是兴修水利一件事。萧公名翀，字凌汉，蜀地内江人。和我同是王华榜进士，在京内外为官近四十年，将来前途无量，要一并记录下来，以告后来者。

新鑿通濟渠記碑

撰文：易謨　書丹：祝壽

年代：明正德十二年（公元一五一七年）

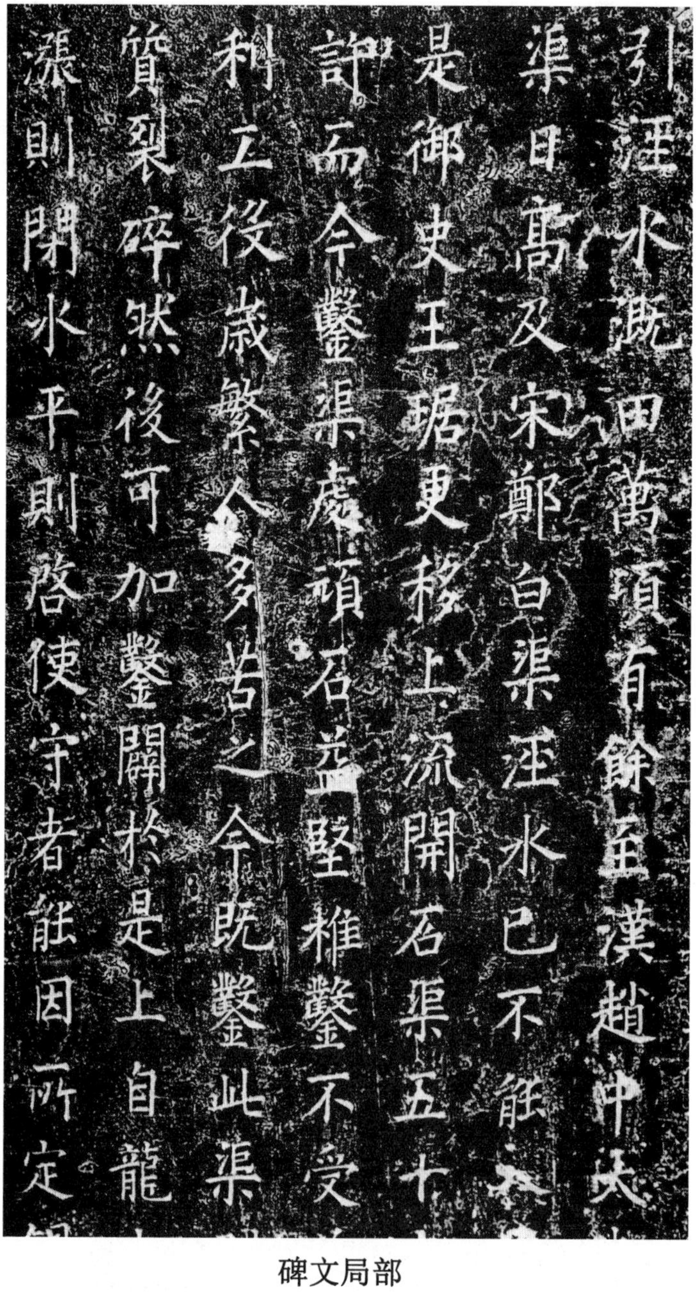
引涇水溉田萬頃有餘至漢趙中大
渠日高及宋鄭白渠涇水已不能
是御史王琚更移上流開石渠五十
許而今鑿渠處頑石並堅雖鑿不受
利亡後歲繁今多苦之今既鑿此渠
質裂碎然後可加鑿鬭於是上自龍
漲則閉水平則啓使守者能因所定

碑文局部

【碑文】

賜進士第戶部員外郎　河南固陵　易　謨撰
賜進士第奉議大夫西安府同知　山東歷城　祝　壽書
賜進士第文林郎知江西樂安縣事　邑人　穆世杰篆

正德乙亥，予自絳守轉倅〔一〕西安，郡中水利，悉予職理。常思古人開陂通渠之政，切有志焉。時巡撫、藩、臬胥方究事涇渠，故予專司其工，事委耀州吏目趙弘分理之。

自丙子歲五月經始，至丁丑五月終工訖，予止舍涇水之次〔二〕者□□月。朝出督視，夕甫就館。工夫用勤，既不以緩而廢事，亦無以亟而憋瘁。鑿石為渠凡四十二丈，其廣一丈二尺，而□（深）倍廣焉。

按《地志》秦有鄭國渠，引涇水溉田萬頃有餘；至漢趙中大夫白公為渠，溉田四千餘頃，較秦已不及半矣。蓋水性趨下，流潦奔冲，河日下而渠日高。及宋，鄭白渠涇水已不能入。侯中丞可者，於仲山傍鑿石渠，名曰『豐利』。迨元時河又下，豐利渠口不可引水，於是御史王琚更移上流，開石渠五十丈，達豐利而入鄭白渠。成化初，都御史項公忠，復益相上流大、小龍山，鑿石一里許。而今鑿渠處頑石益堅，椎鑿不受，遂沿河起石為堤，逼引以達渠流。然夏秋涇水漲溢，堤輒崩決，渠道壅塞，農無所利，工役歲繁，人多苦之。

今即鑿此渠，則甃石〔三〕之堤不用，而畎畝引溉無他虞矣。其堅石皆烈火以焚，而次沃以水、醋，石質裂碎，然後可加鑿闢。於是上自龍山，下及豐利，皆為石渠。而所溉田較之成化初可漸復矣。

予又於龍山上𣇈〔四〕閘，水漲則閉，水平則啟，使守者能因所定規而歲守之焉。則農夫可以日就田事，無勞溝渠不治之憂也。予於是又重有感焉：夫涇水之利，昔何以饒，而後何以廢也？此必當時失於提防疏引，使天地自然之利，前人已成之功，至於今失其七八，已不能用焉！而予職此未久，又既承乏〔五〕南京戶部員外郎。所存不能自試者〔六〕迨有之矣。

方啟行，而代予者至，又疏滯剔隘，潤澤未備。灌溉廣而田疇闢——予所存者，漸有賴焉。代之者誰？正德戊辰進士山東歷城祝君壽也。

正德十有二年歲次丁丑秋九月吉日建

高陵　周凰儀鐫

【背景】　本碑与前碑《泾阳通济渠记》同时立石。碑文由施工负责人易谟撰写。文中提到修『通济渠』时，广惠渠部分渠段已严重崩塌淤塞，很难行水，已经『农无所利』。易谟在本次施工时曾创修小龙山渠首闸门，『水涨则闭，水平则启』，以控制、防止洪水入渠。但因工程简陋，实际并未奏效。

【注释】

〔一〕『轉倅』：倅(cuì 音翠)是古代对副职官员的称谓。文中意思是由绛卅守令迁转到西安府任府一级的副职，也就是『同知』。分管水利事务。

〔二〕『止舍涇水之次』：『次』，停留之处。这里指住到泾河岸边工地处。

〔三〕『甃石』：甃(zhou 音轴)，是用砖砌成井壁。文中是说像砌井壁那样砌的渠堤不再用了，以开凿的石渠代之。

〔四〕『剏』：『创』字的异体，音义相同。

〔五〕『承乏』：官吏自谦用语，表示其职位一时无适当人选，暂由自己充任。

〔六〕『所存不能自試者』：所存指作者对渠事的想法；自试是亲自实践的意思。就是说自己的一些想法因故不能实现。

【译文】　正德十年乙亥（公元一五一五年），我从绛州知府调任西安府的副职，西安府中的水利事务，全部属于我的职权管理。我经常想古代人开挖池塘修通渠道的政务，迫切地有兴修水利的决心。当时巡抚、藩司、臬司官员正在研究泾渠有关事务，所以我专门负责这方面的工程。许多事情还委托耀州吏目赵弘分管。

自从正德十一年丙子岁五月（公元一五一六年）开始，到正德十二年丁丑（公元一五一七年）五月工程终于结束，我住在泾水修渠工地现场数月。早晨出去督促检查，晚上才回到宿舍。工夫靠的是勤劳，既不因为松缓而荒废事务，也不因为操之过急而过分劳累以致难以忍受。开凿山石成为渠道计有四十二丈，渠道东西宽度为一丈二尺，并且是越深越宽，加倍地宽。

根据《地理志》，秦代有郑国渠，引导泾水灌溉田地万顷有余；到汉代赵中大夫白公修渠，灌溉田地四千余顷，比较秦代已经达不到一半了。这是因为水性趋向流下，水流积蓄奔腾冲刷，河床一天天降低，相对地渠道就一天天升高。到宋代，泾河水已经不能进入郑白渠。中丞侯可，在仲山傍边开凿石渠，名叫『丰利』渠。到元代时候河床又降低了，丰利渠口不能引进河水，在这时御史王琚更进一步把渠口迁移到上游，开凿石渠五十丈，通过丰利渠而进入郑白渠。成化初年，都御史项忠，又进一步勘察上游的大、小龙山，开凿石渠一里多。而今开凿渠道的地方顽石更坚硬，用铁椎开凿不动，于沿泾河垒石头为渠堤，强迫引导进泾水来通向渠道流动。但是夏秋季泾水涨溢，石堤动不动崩塌决口，渠道淤积堵塞，农民无所收益，修渠施工劳役年年繁重，人们多数对修渠事务感到痛苦。

现在及时开凿这条渠，那么像砌井壁那样砌的渠堤不再用了，以开凿的石渠代之。于是引水灌溉田亩没有别的忧虑了。那坚硬的石层都用烈火焚烧，再接着水醋浇灌，石质裂碎，这样以后就可以施加铁凿开辟了。在这时候上自龙山，下及丰利渠，都成为石渠。于是所灌溉的田地较之成化初年可以逐渐恢复了。

我又在龙山上安装闸门，水涨时就关闭，水流平稳时就打开，让看守的人能根据有关的确定的规程而年年看守。那么农民可以因此每天从事农业生产，不再劳累和忧虑沟渠没有治理了。我在这时候又重新有了感受：那泾水之好处，从前凭以富饶，但是后来为什么废毁呢？这一定是当时缺失防范和疏通引导，使天地自然的便利和前人已经完成的工程，到了现在损失那十分之七八，已经不能使用了！然而我担任这方面的事务不久，又已经充任南京户部员外郎。我所产生的兴修水利的设想再也不能实现，大约已经有这种结果了。

正要开始出发上路，那代替我职务的人到了，关于那些疏通壅堵，开挖狭隘，水利方面没有准备好。灌溉面积扩大而且水浇田是得到开辟——这些我存在心里的愿望，逐渐有了依赖了。接替我的官员是谁？他是正德戊辰进士山东历城人祝寿啊。

壬辰仲春上洪堰有作碑

撰文並書丹：霍鵬 馬理

年代：明嘉靖十一年（公元一五三二年）

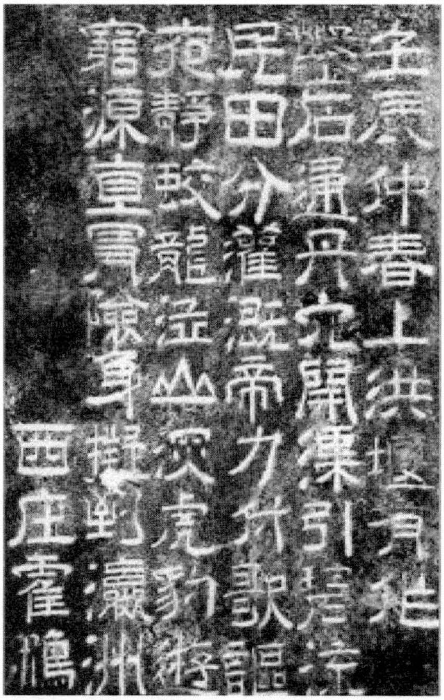

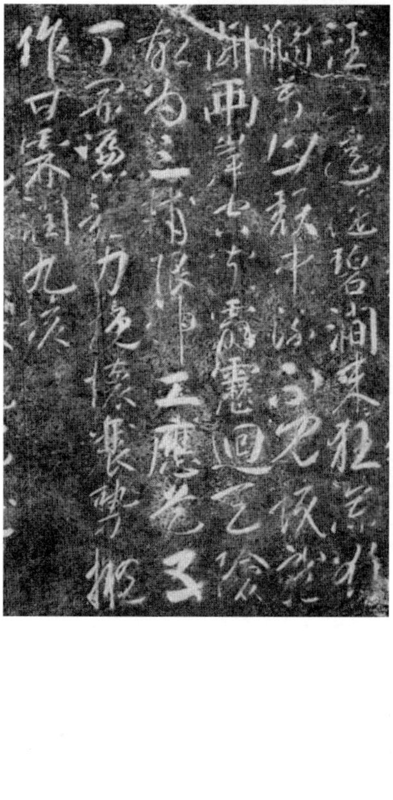

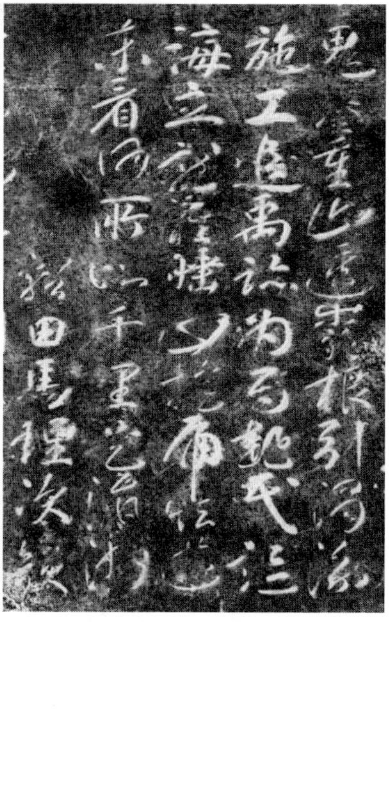

【碑文】

鑿石通丹穴（一），開渠引碧流；民田分灌溉，帝力付歌謳。

夜靜蛟龍泣，山深虎豹游；窮源直冒險，身擬到瀛州（二）。

西莊　霍鵬

鬼鑿（三）重山透，岩根引濁流；施工追禹迹，為雨起民謳。

海立龍難睡，山搖虎怯游；東看何所似，千里是瀛州。

溪田　馬理　次韵

涇水遙從碧間來，狂瀾欲觸萬山頽；中流不見蛟龍斗，兩岸空聞霹靂迴。

天險故為三輔（四）限，神工應是五丁（五）開；憑誰力挽懷襄勢，擬作甘霖潤九垓（六）。

右題涇水漲流　西莊

谷口耕雲〔七〕遠市廛，無才不作劇秦篇〔八〕；江山老去多新主，今古人間自鄭泉。

谷口先生種石田，椒房炎日抱雲眠；漢朝陵墓紛樵牧，唯見行人指鄭泉。

右題鄭泉二首　溪田

冬十月望日書石

【注释】

〔一〕『丹穴』：朱砂矿。《史记·货殖列传》：『巴蜀寡妇清，其先得丹穴，而擅其利数世』。谓财富之源。

〔二〕『瀛州』：传说中的仙境。《史记·秦始皇本记》：『海中有三神山，名曰蓬莱、方丈、瀛州。仙人居之。』

〔三〕『鬼鑿』：鬼斧神工。形容工程之艰巨，似乎非人工所为。

〔四〕『三辅』：汉太初元年，以左、右内史、主爵都尉改置为左冯翊、右扶风、京兆尹三个相当于郡的政区，因所辖皆京畿之地，故合称『三辅』。治所同在长安城中，辖境相当今陕西中部地区。

〔五〕『五丁』：古代神话传说中的五个力士。《水经注·沔水》：『秦惠王欲伐蜀而不知道，作五石牛，以金置尾下，言能屎金，蜀王力负、令五丁引之成道。』

〔六〕『九垓』：犹言九州，泛指全国广大区域。

〔七〕『谷口耕雲』：指郑谷，即汉郑子真，隐居于云阳谷口。成帝时大将军王凤礼聘之，不应，世号谷口子真。汉杨雄《法言》五《问神》：『谷口郑子真，不屈其志，而耕乎岩石之下。』

〔八〕『劇秦篇』：指《剧秦美新》。西汉文学家杨雄，成帝时为给事黄门郎，王莽时校书天禄阁，官为大夫，曾作《剧秦美新》篇。

重修涇川五渠記碑

撰文並書丹：馬理

年代：明嘉靖十五年（公元一五三六年）

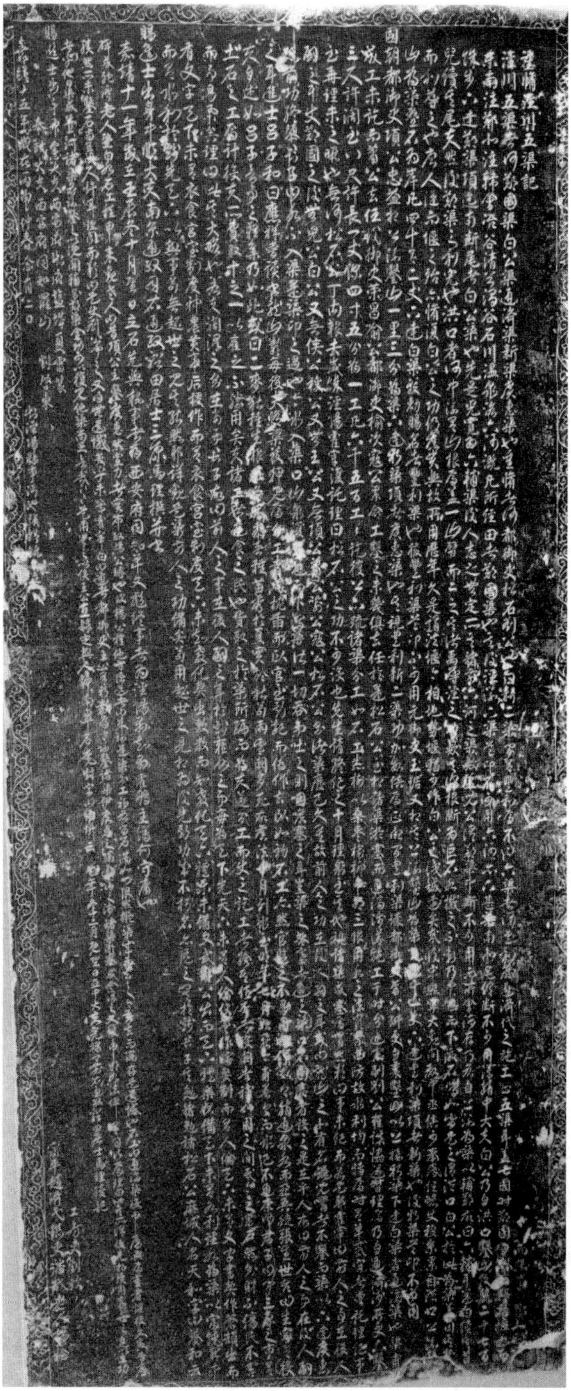

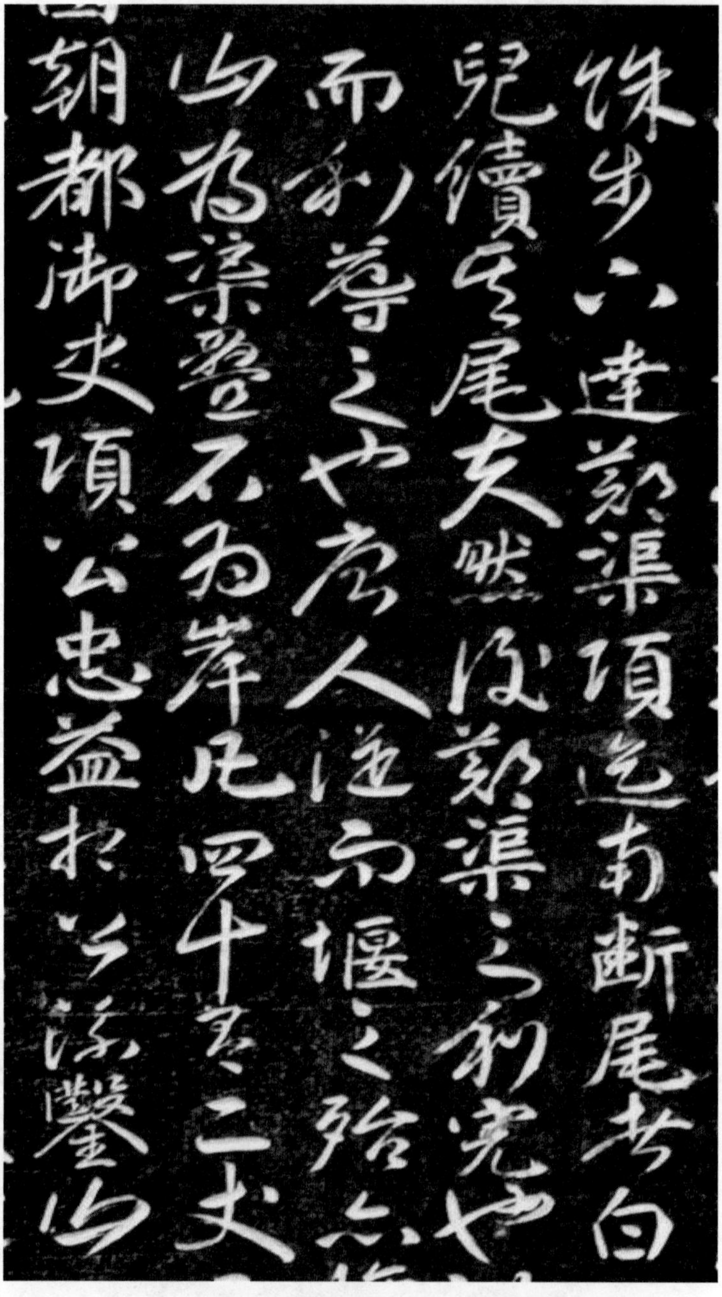
餘步六達郟渠頂之南斷尾者白
兒犢尾支然後郟渠之利完也
而利人尊之也虜人注而堰之殆亦
山為渠疊石為岸凡四千餘二丈
朝都御史項公忠益於以緣鑿山

碑文局部

【碑文】 涇川五渠者何？鄭國渠、白公渠、通濟渠、新渠、廣惠渠也。重修者何？都御史松石劉公也。白、新二渠間有豐利焉，不曰『六渠』者何？豐利廢通濟代之〔二〕，施工止五渠耳。

蓋七國時，鄭國自瓠口鑿渠堰水而東，南注鄭、北注韓，會冶谷、清谷、濁谷、石川、溫泉、洛六河，溉凡所經田者，鄭國渠也。其後涇流下，渠首仰不可用；六河亦下甚，渠南北尾俱斷不可用。漢趙中大夫白公，乃自洪口鑿山及麓二千七百余步，下達鄭渠項，迄南斷尾者白公渠也。先是，兒寬為六輔渠，後人志之無定所。其諸前六河之渠歟？蓋兒公謂鄭渠中斷，不可用，而所會河存，乃各自上流為渠以輔鄭，故曰『六輔』耳。蓋白續其首，兒續其尾，夫然後鄭渠之利完也。『洪口』者何？中流有山根焉——蓋一山劈而二之，其諸禹導涇之功歟？——其山根斷為巨石，水撼之不動，乃中嚙而下，激石鳴如雷，是之謂『洪口』。白公於此為渠，蓋因其勢而利導之也。唐人從而堰之，殆亦修復白公之功仍舊貫歟？故所用歷年久，是謂『洪堰』。今相地勢，堰猶可作。白公之識誠遠矣哉！後宋熙寧、大觀間，殿中丞侯可、秦鳳經略使穆京，累自洪口上流，鑿山為渠，疊石為岸，凡四十有二丈，下達白渠，獲敕賜名者豐利渠也。後豐利渠首仰不可用，元御史王琚又相其上流，鑿山為渠，凡五十一丈，下達豐利渠項者新渠也。後新渠首仰不可用，國朝都御史項公忠，益相上流，鑿山一里三分為渠，下達新渠項者廣惠渠也。其視豐利、新二渠功加數倍焉。

正德間，豐利渠壞，都御史蕭公翀，更自裹鑿山，以上接新渠、下達白渠者通濟渠也。渠甫成，工未訖，而蕭公去任，後御史榮昌喻公，都御史榆次寇公，累命工鑿之，未幾俱去任。於是松石公至，相諸渠淤塞而通濟淺，議施工。於時分巡憲副劉公雍謀協，遂督理焉。乃自通濟淺所，更下鑿三尺許，闊至八尺許，長一丈，深四寸五分為一工，凡六千五百工。工訖，復上下疏諸渠，分工如右。工悉樹以桑、棗、榆、柳，申明三限用水之法，嚴禁曲防。故水利均而博焉。

時有單貳守者[二]，嘗托理紀事至再，理未之暇也。無何，松石公丁內艱去。歲餘，涇陽霍宰復托理曰：松石公之功不可沒也，先生請終記之。

十月，理躬至其地，視諸渠咸塞焉。喟然嘆曰：『事未記而若是耶？』霍宰曰：『前人之事在後人嗣之耳，使鄭國之後，無兒公、白公，又無侯公，穆公，又無王公，又無項公、蕭公、喻公、寇公、松石公，則諸渠廢已久矣！故前人之功在後人嗣之耳。』或曰龍山之北有名『銚兒嘴』者，不鑿而渠，以下達廣惠，恐前功終隳。君子曰：『水不入渠者是渠仰之過也。今水入渠口，山泉復多道而□（傾）瀉，渠皆一切吞而吐之，則咽喉塞之耳，豈渠之咎？塞者通之，渠口石囤廢者設之，是在乎人。』故曰：前人之事在後人嗣之耳。進士呂子和曰：『應祥嘗讀書龍山岩，每役夫修渠，獲狎見焉：分工者咸枕鍤而臥，官至斯起而偽作，去卧如初；石工亦然。官監之不易周也。俟數月稍通泉水而罷。』吾徒張生世臺曰，生家有役夫自述如呂子言。事之難集乃如此。

或曰二麥秋種〔三〕，生根在冬；禾黍春種，苗秀於夏，實於秋。苟雨雪闕，多死。故舊法十月引水，至明年七月始罷。今甫暑令，而水已不通，奈何？君子曰：聞三原之市有土石之工焉，計役夫所費取十分之一以雇之，不勝用矣。夫諸工者，游食之民也。貨取之於渠，所編而為夫，遂分工而使之；訖工者給其值，否者役，闕者補〔四〕；如周之『閑民』，今之『竈戶』〔五〕然，則財不傷、民不害，而事易舉矣。理曰：此其大略也，若夫闊澤之，則在當事君子，故曰『前人之事在後人嗣之耳』。

於戲！雍州之事每為天下先。天下未有人倫，伏羲作嫁娶制而有人倫；天下未有文字書契作，倉頡出而有文字；天下未有衣食宮室制度，神農、黄帝、後稷作而有衣食宮室制度；天下未知教化，契出敷教而知教化；天下禮樂未備，文武周公出而天下禮樂始備；天下未有水利，涇水為渠以富饒關中而有水利。於戲！先天下以興事，苟無超世之見，其能然耶？詳觀是渠，前人之功備矣。苟用超世之見相為後先，斯功成不朽，各亦隨之矣。於戲！君子其勉諸勉諸！松石公麻城人，名天和，字曰養和云。

賜進士出身中順大夫　南京通政司右通政溪田居士　三原馬理撰并書。

嘉靖十一年歲在壬辰冬十月望日立石（先與執事者為西安府同知單文彪，終事者為涇陽縣知縣霍鵬、主簿何守庸也。）

碑成，駱駝灣老人暨白水石工程甲來觀，老人曰：昔項公主鑿廣惠，然宣力者實布政楊公璇也。後楊公擢他方，語送者曰：『余疏是渠，分工初，各留石隔，如門限。然擬渠成而去之，今吾去而隔存，是遺憾也。』石工曰：『通濟渠役，甲原與焉，董者懼役久，爰告底績，然所未鑿石，尚有四尺許耳。』理聞而嘆曰：是使劉公聞之，又得無遺憾矣乎！未幾，霍宰白曰：邇者都御史王公有新教焉：令疏鑿諸渠，伊廣惠之隔、通濟之淺、諸渠淤塞，咸令治之；又復申明水法，俾有司行焉。理曰：此其謂後先相續、用夫超世之見以立功者乎？他日渠成，并六河諸渠，各疏鑿之，以溉關輔，則鄭渠全功可以復見，他渠尚足言哉，尚足言哉！是用筆之以俟。王公直隸定興人，號南皋，名堯封，字曰佰圻云。

是年冬十二月既望日亞中大夫光祿卿前右通政溪田居士馬理續記。

賜進士出身中憲大夫　西安府知府鹽城　夏雷篆

奉政大夫　西安府同知羅山　劉啟東

嘉靖十五年歲在丙申仲春念有二日　涇陽縣知事沔池　張朝銧　立

工房吏　劉欽

富平　趙濟民鐫　吏潘鉞　老人楊稔

【背景】 此碑原立于嘉靖十一年（公元一五三二年），距一五一六年萧翀凿通济渠时隔十五年，渠道已严重淤塞，必须动员『役夫』修葺。嘉靖十五年，马理又续写了最后一段。碑文反映了郑国渠、白公渠、通济渠、新渠和广惠渠的变迁过程，论述了古代修渠创业之艰难，特别强调守成之不易，即作者反复论及的『前人之事在后人嗣之耳』。是很宝贵的文献。

该碑的撰文及书写者均是明代著名理学家马理（公元一四七二～一五五六年），陕西三原县北城人。他对于水利也相当关心，曾亲赴渠首考察，并访问过参与作工的工匠们。为提高工效，保证工程质量，他曾提出施工革新建议：改摊派役夫修渠旧制为雇工制，组成水利专业人员修渠。但这一建议并未被采纳实行。

碑文书体是马理的独创，集楷、行、草于一体，故本碑亦有书法艺术方面的价值。

【注释】

〔一〕『豐利廢通濟代之』查通济渠是王御史渠至丰利渠中间段的裁弯取直，是改善工程。作者认为通济渠代替了丰利渠，这一提法不妥。

〔二〕『單貳守者』：指姓单的一位佐贰（副职）官员。

〔三〕『二麥秋種』：二麦指大麦和小麦。陕西关中地区二麦都是在秋季播种。

〔四〕『否者役、闕者補』：『否』读pi音疲，恶坏的意思。『否者役闕者補』是说哪里毁坏了，进行修治；哪里（指渠堤）缺损进行砌补。

〔五〕『周之閑民，今之竈户』：闲民者，指古代没有正式职业的人。『竈户』是自宋朝以来，经过官府许设竈煮盐，从而使其户籍成为属于盐场的专业人员。作者在文中建议设置一批专业的修渠人户籍，『则财不伤、民不害，而事（渠事）易举矣。』

【译文】泾川五渠是哪些呢？即郑国渠、白公渠、通济渠、新渠、广惠渠。是谁重修的？是都御史刘松石。白公渠、新渠两条渠之间有丰利渠，为何不称『六渠』呢？是因丰利渠毁坏而通济渠代替了它，只有这五条渠。

在七国时代，郑国从瓠口开凿渠道，拦水向东流，向南流入郑国、向北流入韩国，会集冶谷、清谷、浊谷、石川、温泉、洛水六条河水，灌溉所经过的田地，这就是郑国渠。后来泾河床冲刷降低，渠首抬高引不了水；六条河床亦下降厉害，渠道南北两端中断不可使用。汉代赵中大夫白公，就从洪口开凿山脚达到二千七百余步，下接郑国渠颈部，再南就断尾了，这是白公渠。以前，兒宽修六辅渠，后代人寻它的标记却没有固定的地点。那前面六条河的渠道呢？这是因为兒宽认为郑国渠中断不可使用，但所会集的河还在，于是在这六条河流的上流修渠来辅助郑国，故名『六辅』渠。总体说，白公延伸了渠首，兒宽接续了渠尾，这样郑国渠的效益才充分发挥了。『洪口』是什么？渠道中流有山根——这是因一座山把水流劈开而分为二条支流，这要归于大禹引导泾水的功劳吧？——那山根已断为巨石，水冲击它不动摇，于从中间咬着巨石往下流，浪涛冲激巨石发出雷鸣般的声音，这是叫作『洪口』原因。白公在这里修渠，是根据地势的变化而朝有利的方向引导。唐代人接着在这时筑堰，大约也是要修复白公的工程依照旧例办事吧？所以应用这坝经历年代很久，这就是所说的『洪堰』。今观察地势，拦水堰仍然可以发挥作用。白公之眼光的确很远啊！后来宋代熙宁、大观年间殿中丞侯可、秦凤经略使穆京，多次从洪口上游凿山作为渠道，叠石作为堤岸，计有四十二丈，往下通达白渠，得到皇帝赐名的渠道就是丰利渠。后来丰利渠首也抬高不可使用，元代御史王琚又勘察那上游，凿山作为渠道，计有五十一丈，往下通达丰利渠的颈部的是新渠。后来新渠渠首抬高不可使用，我们明朝都御史项忠，更同上游勘察，凿山一里三分作为渠道，往下通达新渠颈部的是广惠渠。它比起丰利渠、新渠两条渠，功效增加数倍了。

正德年间，丰利渠毁坏，都御史萧翀，更从里面开山凿石，向上接通到新渠、向下通达白渠的是通济渠。渠刚修成，萧公离任走了，后来御史荣昌人喻公，都御史榆次人寇公，多次命令工匠开凿，不久都离任走了。在这时候松石公到了，观察各条渠道淤塞而且通济很浅，商议施工。和当时分巡宪副刘雍意见一致，就督促办理修渠事务。于是从通济渠浅的地方，再向下凿深三尺多，宽度增加到八尺多，他把长一丈，深四寸五分计作为一工，共六千五百工。工程结束，又向上向下疏通各条渠道，分工像前面所说。工程全部种植以桑、枣、榆、柳，申明三限用水的法规，严禁遍设堤防。所以用水的便利平均而广泛。

当时西安府有一位姓单的副职官员，曾经两次请求我记载这件事，我没有时间顾及。不久，松石公因为母亲去世守孝离职。过了一年多，泾阳霍知县又请求我说：松石公的功劳不可埋没，请先生请你一定要写碑文记载他的贡献。

十月，我亲自到那地方，看到各条渠都堵塞了。我叹息说：『事情还没有记载竟然却像这样了。』霍知县说：『前人之事业在于后人继承吧，假使郑国以后，没有兒宽、白公，也没有侯公、穆公，也没有王公，也没有项公、萧公、喻公、寇公、松石公，那么各条渠道毁坏已很久！所以前人之功业在于后人继承吧。』有人说龙山的北面有个名叫『铫儿嘴』的地方，不开凿就成了渠道，从这里往下通达广惠渠，恐怕以前功业最终毁坏。有学问的人说：『河水不能进入渠道的原因渠道抬高的问题。现今河水进入渠口，山泉又从多条水道倾泻下来，渠道把这一切全都容纳并排出，就容易发生像堵塞咽喉一样的情况，难道是渠道的过错？堵塞了就疏通它，安装好渠口毁坏的石囤，这在于人的主观努力。』所以说：前人之事业在于后人继承它吧。进士吕子和说：『应祥曾经在龙山岩读书，常常派民工修渠，却被民工欺侮捉弄。被分派干活的人都枕着铁锸躺在地上，官吏到了这才起来却假装劳动，官吏离开后又和原来那样躺在地上。石匠也是这。官吏监督不容易处处周到。等数月略微通流泉水就完工了。』我的学生张世台说，我家有服劳役的民工自己讲述的和吕子说的一模一样。修渠的工作就像这样难于召集。

有人说小麦和大麦秋季播种，在冬季生根；谷类春季播种，在夏季谷苗吐穗，在秋季结果。要是雨雪缺乏，大多会死亡。所以过去规定十月引水，到第二年七月才结束。现在不到暑期，但渠水已经不通了，怎么办呢？有学问的人说：听说三原的市场上有专门治理土石这种工匠。计算花费那些服劳役的人所需费用的十分之一来雇这种专业工匠，一定花费不完。那些工匠，本是没有职业的游民。钱币从修渠开支中取得，把他们组织起来成为民工，就给他们分配任务而安排他们工作；完成任务的给他们相应报酬，哪里毁坏了，进行修治；哪里（指渠堤）缺损进行砌补。；就和周代的『闲民』、现在的『制盐专业户』一样。那么财物不损失浪费、老百姓不受干扰侵害，同时事情还容易进行。我说：

这只是一种大致的设想，要是广泛地实施这种恩泽，就在于执政的大人物了。所以说『前人的事来在于后人继承吧』。

唉！雍州的事情常常走在天下的前面。当天下在原始社会还没有伦理道德的时候，伏羲氏制定了婚姻嫁娶制度，从而有人与人之间的伦理道德；当天下还没有文字书本契约的时候，仓颉出来从而有了文字；当天下还没有衣食宫室制度的时候，神农、黄帝、后稷工作从而有了衣食宫室制度；当天下不知道教化的时候，契出来普及教育从而使人民广泛知道教化；当天下的礼乐制度不完备的时候，周文王周武王和周公出现从而天下礼乐制度才开始完备；当天下还没有水利建设的时候，泾河水成为渠道因此使关中富饶，从而有了水利建设。唉！走在天下的前面来振兴事业，如果没有超出世人的眼光，那怎么能这样呢？详细观察这条渠，前人的功业已完备了如果用超世的眼光先后坚持。这完成永远流传的功业。各自也会随着不断出现了。唉！有学问有地位的人可要努力再努力啊！松石公是麻城人，名叫天和，字是养和。

赐进士出身中顺大夫南京通政司右通政溪田居士三原马理撰并书。

嘉靖十一年岁在壬辰冬十月望日立石（先开始参与管理修渠事务的人西安府同知单文彪，完成修渠事务的人是泾阳县知县霍鹏、主簿何守庸。）

碑石刻成，骆驼湾斗长和白水县石工程甲来观看，斗长说：从前项忠公主持开凿广惠渠，但是埋头若干的人实际是布政杨瑛。后来杨瑛升官到别的地方任职，告诉送行的人说：『我疏通这条渠，安排工程建设在开始的时候，在渠道各留石头隔断物，像门槛一样。但是准备在渠道修成后就去掉，现在我走了但隔还在，这是遗憾。』石工说：『通济渠工作建设，我原来参与，监工者惧怕劳役长久，要告底绩，但是所没有开凿的石头，还有四尺多。』我听到这些情况就叹息说：要是让刘公听到这情况，又怎能没有遗憾啊！不久，泾阳霍知县告诉我说：近来都御史王公有了新的指示：命令疏通各条渠道，除去广惠渠的石隔，开挖通济渠淤塞的渠床，各条渠道淤积堵塞的地方，全部治理；又重新申明用水法规，派有关部门执行。我说：这就是所说的继承，用超人的眼光建立功业吧？有一天渠道修成，连同六河各条渠，各自疏通，用来灌溉关中地区，那么郑国渠全部功效都可重现，其他的渠道还值得说吗，还值得说吗！这是我要用笔来等待的了。王公是直隶省定兴人，号南渠，名叫尧封，字为佰圻。

这一年冬十二月十五日亚中大夫光禄卿、前右通政溪田、居士马理记录功绩。

重修洪堰衆民頌德碑記碑

撰文：陳葵　書丹：王立勳

年代：明萬历二十八年（公元一六〇〇年）

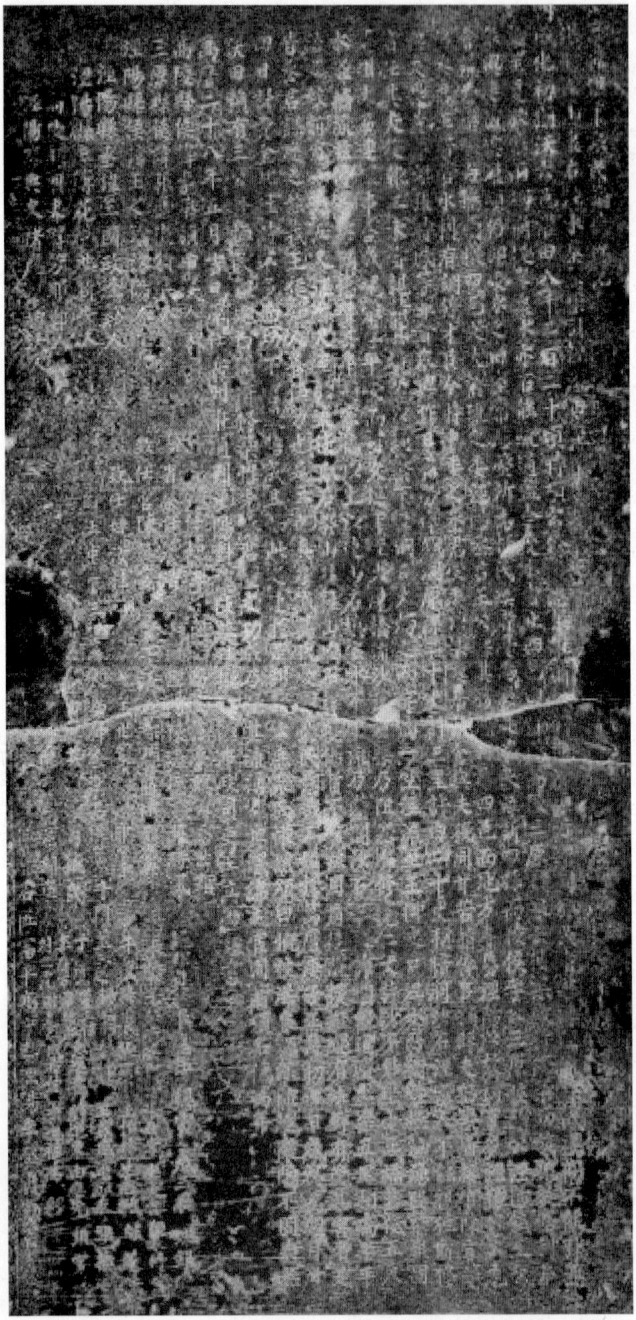

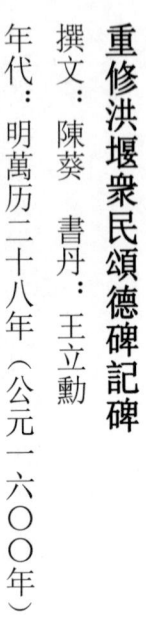

碑文局部

【碑文】　洪堰左山泉、右涇水，秦鑿渠引涇灌田，至國朝成化初猶沃六邑，灌田八千二百二十頃。時項公修廣惠渠，繼蕭公修通濟渠，所導利於民者甚溥。涇流尋低，渠高不能引，無論至夏秋暴雨沖崩堤岸，泉水亦不能疏通。蓋今受水者止四邑：曰涇陽、三原、醴泉、高陵云。

彼渠歲時修築，而旋修旋塞，利弗能興。連歲雲漢頻仍〔一〕，即受水之田，室常懸罄〔二〕，所為恤民瘼者憂焉！於是衆民泣訴四縣，高陵侯〔三〕李公、三原侯張公、涇陽侯王公會議修渠。建白〔四〕撫臺，檄四邑夫大浚疏之。委涇陽丞君王公謀其務——堰利屬四邑，而地方專屬涇陽，以故柄事多涇陽公。公先以丞君王帶管水利，有調停才，以今特申委之。

丞君受委以來，起居飲食與夫役同甘苦，捐俸以犒群夫，躬率省祭官陳言等，與夫長黄夢麒、張時鳳等輩督衆興作，日夜勞瘁。

鐵洞〔五〕原深二十丈許——三里许内二十丈——稱『暗洞』，沙石湮塞，人不能視。往督修者任其夫役報工，未嘗親詣其境。公以繩系下至洞，以火燭之，而穿洞一空。涇流至王御史口，涇水所沖，勢極洶涌，堤築難固。是用大石連環，串合成塊，崇厚平妥而久延。下至火燒橋，流沙滾起，渠乃阻塞。今修寬二丈許，沙不能壅。小王橋舊低五尺，水溢橋流，兹修高與闊悉增其半。趙家橋以上，以連山石填塞，水不下流，乃鑿開砂石三丈許。顺流通浚土渠五里，相高卑乎治之，較前寬一丈五尺、深七尺。至於夫役取石於山，往往山峻石滾，侵傷者不免。兹用前後繩援，搬運有法，鮮有受其害者。

是皆丞君謀度之能，我王侯知人善任力也。是工也，真乃誠萬代憂國憂民意哉！工始於萬歷庚子正月初七日，成於夏四月二十四日。計費金比往時不多，而功不啻数倍，成且如此之速，於是利歸士庶，衆民歡然頌曰：

概彼洪泉，源深流遠。堤防不固，衆無沃田。賴有三公，軫恤民艱。建白開府，修築惟先。丞君董之，功成乃堅。其流涌涌，其澤綿綿。宦同蕭項，名憶萬年！

萬歷廿八年五月吉日　原任岳州府通判　池陽對溪陳葵拜撰　布政司吏　王立勛謹書

高陵縣侯諱李承顏曲沃人　省祭任如玉　高陵黄夢琪　馬世顯

三原縣侯諱張應徵猗氏人　省祭任養浩　督工夫長　涇陽陳遇德　張時鳳　魏邦貞

涇陽縣侯諱王之鑰洛陽人　致仕官陳言　張宗周康進表鄭應興

涇陽縣丞諱王國政金溪人　致仕姚汝桂

涇陽縣主簿花池新安人　上中下三渠老人田應其　白仲金　王世寵　渠長　屈朝選　張世太　邢守一

高陵縣典史賀芳邯鄲人

涇陽縣典史褚應舉曲沃人　石匠　富平高守已　涇陽李登口　勒石

【背景】 本碑记述了民众对重修洪堰工程的称颂。文中对具体工段、工程数据以及工作方法都说得很清楚实在。撰写者是三原县一位退居的州治通判官陈葵。

本次大修工程作于明万历廿八年（公元一六〇〇年），上距嘉靖年间各次掏修已六十余年。渠道又严重荒废。本次工程自上而下共分六个施工段：一、『铁洞』淘淤；二、王御史渠口段石堤加固；三、火烧桥（即今火烧沟口之渡洪桥，古今均置有渡洪桥。）加宽；四、小王桥（今小王沟渡洪桥）翻修和加高；五、赵家桥段（今赵家桥一带）土渠清淤；六、赵家桥以下五里土渠加大断面。这六个工段古今均为关键地段，也是险段。可见这次施工相当切实。施工负责人是泾阳县丞王国政，由县令王之钥推荐担任。王国政作风扎实，『起居饮食与夫役共甘苦』，并且自己出钱犒劳作工的民夫。在施工取石中，他创造了『绳索前后援』办法，似为简单的缆道运送法，安全又省工；砌石创大连环串合砌法。由于指挥者精明而认真，工作效率很高，起于本年正月初七，四月廿四日即告竣工，可谓费省效宏，所以得到民众的称颂。

【注释】

（一）『雲漢頻仍』：『雲漢』本指银河，也泛指天空。云汉频仍是指旱象连续出现的情景。语出《诗经郑笺》：『时旱渴雨，故宣王（指周宣王）仰视天河，望其候焉』：后世即以云汉二字指旱象。

（二）『室常懸罄』：悬罄二字在古代典籍中喻为极贫的意思《左传·僖二六年》：室如悬罄，野无青草，何恃而不恐？

（三）『高陵侯』：封建时代人们常将县令称为『百里侯』。这里的高陵侯和下文的三原侯、泾阳侯都指各县县令，也含有敬称的意思。

（四）『建白』：具体的建议，指陈述对修渠的建议。

（五）『鐵洞』：指渠首小龙山隧洞、今泾惠渠一号隧洞。此段岩石坚硬，古人形容其开凿之不易，后渐转变成为专称。

【译文】 洪堰左边是山泉、右边是泾水，秦代开凿渠道引入泾河水灌溉农田，到了我们明朝成化初年犹能浇灌六个县，灌溉农田八千二百二十顷。当时项忠修建广惠渠，接着萧公修建通济渠，但是所带来的利益对于老百姓很少。泾河水流不久降低，渠床抬高不能引进河水，无论到夏季还是秋季暴雨冲崩堤岸，泉水也不能疏通。现今能得到水的只有四个县：分别是泾阳、三原、礼泉、高陵。

虽然每年都对渠道进行修筑，但却是一边维修一边堵塞，渠道的效益不能得到发挥。旱情连年不断发生，就是接受渠水的农田，家里也常常极度贫困。这让关心百姓疾苦的人很忧愁！在这时候众多百姓哭着向四个县的知县报告，高陵县知县李公、三原县知县张公、泾阳县知县王公开会商议修渠。向抚台提出具体的建议，抚台发公文召集四县民工大规模清理疏通渠道。委派泾阳县县丞王公谋划修渠事务——因为修堤坝的好处属四个县，但施工的地方在泾阳县，因此掌管修渠事务的多为泾阳县知县。泾阳知县之前派县丞王带管理水利事务，王带表现出了指挥领导才能，因此现在特别申报委任他。县丞王带接受委任以来，行动、休息、喝水、吃饭和民工同甘共苦，不仅捐献自己的俸禄来犒赏民工队伍，而且亲自率领省祭官陈言等人，和民工头头黄梦麒、张时凤等人督促民工进行工作，日夜赶工。

铁洞原深二十丈多——有三里多里面二十丈——称作『暗洞』，沙石淤积堵塞，人看不到里面的状况。以前督办修筑的官员只听任那些民工的报告，却未曾亲自到铁洞里面看看。王带用绳系着自己下到洞里，用烛火照着洞里。于是打穿暗洞把淤积沙石全部清除，泾水顺势向下流到王御史口。泾河水所冲刷的地方，水势极其汹涌，堤防建筑难以确保坚固。于是使用大石连环，联合成串，集合成块，又高又厚平安妥当而且能长久延续。再往下到火烧桥，流沙滚起，渠就被阻拦堵塞。现今将桥洞修宽二丈多，泥沙就不能壅堵了。小王桥过去低了五尺，渠水涨溢流过桥面，现在重修此桥，将桥的高度和宽度比原来增加一半。赵家桥以上，因为接连被山石填塞，渠水不往下流，就凿开砂石三丈多。顺着渠流疏通清理土渠五里，观察渠道高低予以治理，通过疏浚比之前宽了一丈五尺、深了七尺。鉴于以往民工到山里取石，往往山坡陡峻，石头滚动，不免侵碰伤害民工。现在采用前后绳索拉动，搬运有方法，于是很少有受到石头伤害的。这都是县丞王带谋划设计的才能，也是我们王县令知人善任的眼力呀。这项工程，真正体现了他们造福千秋万代忧国忧民的强烈意识啊！工程开始于万历庚子正月初七日，完成于夏四月二十四日。计算下来不仅花费的金钱比往时少，而且效率是以前的数倍，有如此成就，使得官民都得到了好处，于是广大人民高兴地歌颂说：

感慨那洪泉呀，源深流远。堤防不坚固呀，大家无法浇田。幸亏有三个县的知县，伤心同情、体贴关心百姓的艰难。提出建议报告上官，修筑只是争先。县丞王带负责这事，工程的质量就有保证。那渠水涌涌地流呀，那恩泽绵绵不断地来呀。他是同项忠、萧翀一样的好官呀，他的大名要回忆万年！

趙侯祭唐劉令文碑

撰文：趙天賜　書丹：程應弟

年代：明天啟元年（公元一六二一年）

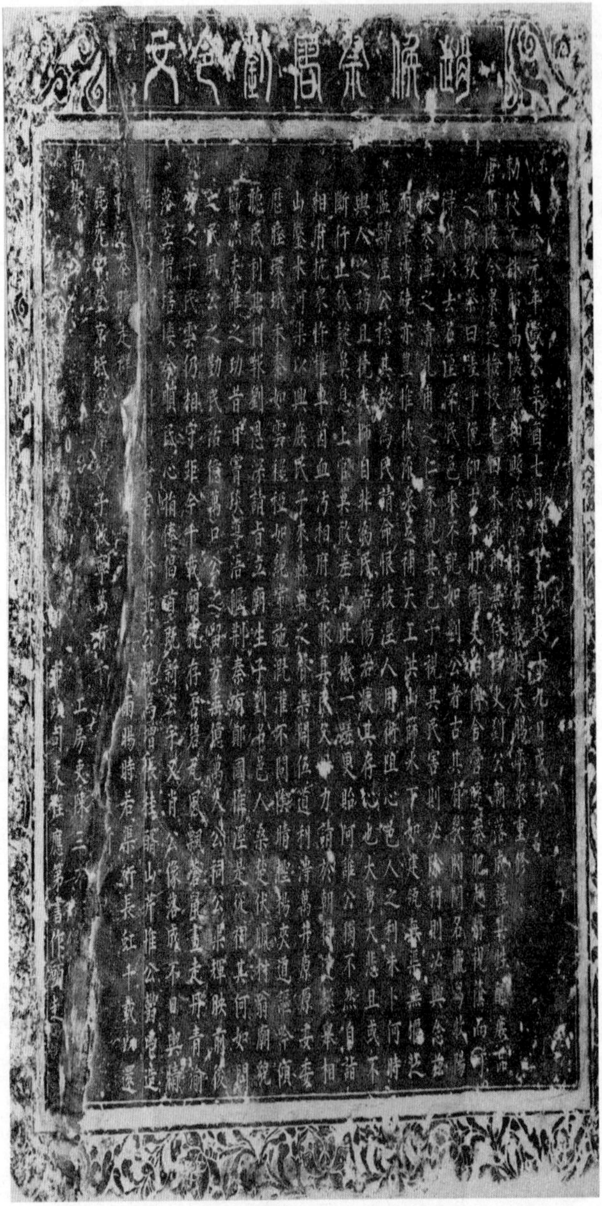

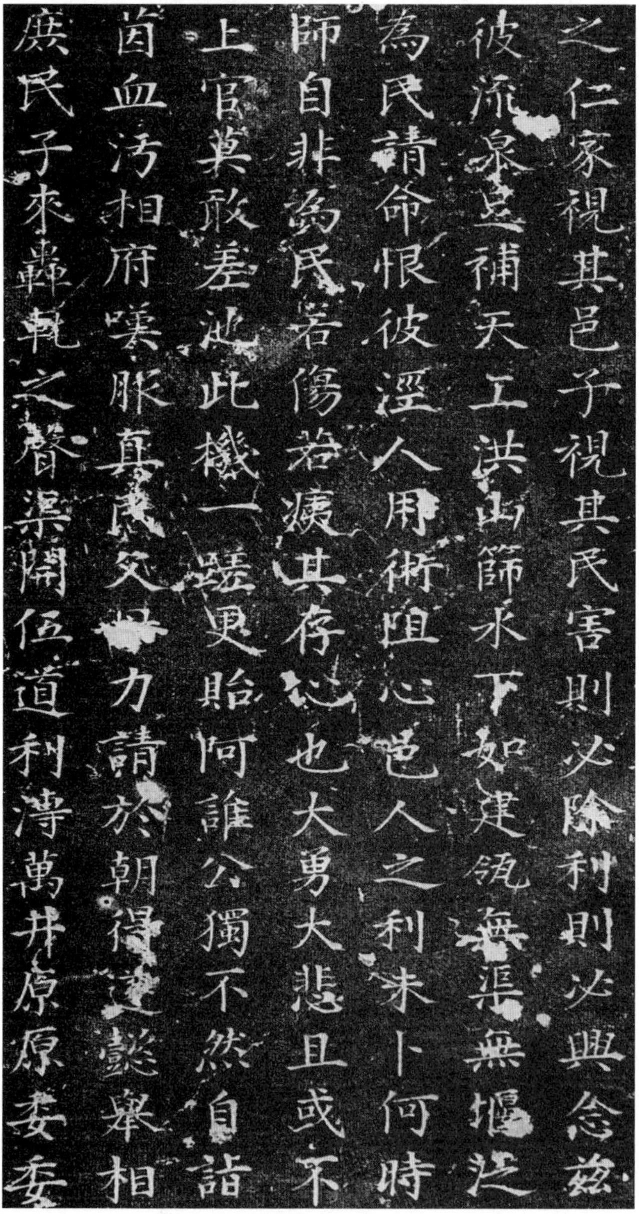
之仁家視其邑予視其民害則必除利則必興念茲
彼流暴豈補天工洪山篩水下如建瓴無渠無堰泛
為民請命恨彼涇人用術阻心邑人之利未卜何時
師自非為民若傷若痍其存心也大勇大悲且或不
上官莫敢差池此機一墮更貽阿誰公獨不然自詣
茵血汚相府嘆脉真良究力請於朝得達懿舉相
廣民子來轟軋之聲渠闢伍道利溥萬井原原委委

碑文局部

【碑文】天啟元年歲次辛酉七月丙申朔越十九日戊午，敕授文林郎高陵縣知縣、後學晉孝義趙天賜，率眾重修唐高陵令累遷檢校屯田水部郎兼侍御史劉公廟。落成。謹具牲醴庶品之儀，致祭曰：

嗟乎！俯仰古今，盱衡(一)吏治，傳舍營遷，秦肥越瘠(二)視陰而可，得代以去，名湮澤泯，邑乘不記。如劉公者，古其有幾！閥閲名胤，刍牧陽陵(三)。寒潭之清，乳哺之仁；家視其邑，子視其民；害則必除，利則必興，念茲雨澤，薄磽(四)亦豐，惟彼流泉，足補天工。洪山篩水，下如建瓴。無渠無堰，泛濫歸涇，公稔其故，為民請命。恨彼涇人，用術阻心，邑人之利，未卜何時；輿人之謗，且撓我師。自非為民，若傷若痍；其存心也，大勇大悲。且或不斷(五)，行止狐疑，鼻息上官，莫敢差池。此機一蹉，更貽阿誰？公獨不然，自詣相府，抗眾忤權；車茵血污！相府嘆服：真民父母。力請於朝，得遂懿舉。相山鑿水，河渠以興，庶民子來，轟軋之聲，渠開伍道(六)，利溥萬井！原原委委，歷塍環城。禾黍如雲，穲稏(七)如繩。常施溉灌，不問陰晴。樫(八)楊夾道，謳吟傾聽。民利其利，報劉恩深，請旨立廟，生子劉名。邑人桑楚，伏臘村翁(九)，廟貌巋然，夫誰之功？昔日竇琰(十)，導涺堰荆；秦有鄭國，惟涇是從，祠其如何？問之民風，公之勸民，活億萬口，公之留芳，垂億萬人。公祠公渠，輝映前後，公之子民，雲仍(十一)相守。距今千載，廟貌存否(十二)。碧瓦風飄，蒼鼠晝走，丹青渝落，空增培塿〔十三〕。今順民心，損俸倡首，既新公宇，又肖公像。落成不日，輿情始暢。

以公并禹，明德馨香，以余并公，愧焉增悵。桂醑山芹，惟公鬱鬯〔十四〕。造福遺黎，塍走群□，神其鑒之，永佑我民。雨暘時若，渠衍長虹。千載以還，鹿苑〔十五〕长常登，京坻〔十六〕庾廩，婦子攸寧，萬有千歲，報賽〔十七〕維新。尚饗！

工房吏陳三才　席繹□　王光文

布政司吏程應第書　作頭趙良才刻

【背景】　该碑是明天启元年高陵县知县赵天赐倡导重修刘公（刘仁师）庙后所撰的祭文。碑石呈方形，长宽各一米，厚十二厘米，篆刻有『赵候祭唐刘公令文』字样。此碑原存泾阳县永乐镇磨子桥村之刘公祠内，刘公祠民国初年犹存，约在一九三〇年后祠庙被拆，所幸此碑未佚失，但已断裂。现存于泾惠渠首碑亭。

赵天赐是山西省孝义县人，是一位关心水利的地方官。

【注释】

〔一〕『盱衡』：形容扬眉举目之状，后也称观察、纵观为盱衡，如盱衡大局，此处盱衡吏治是纵观官吏们的行为的意思。

〔二〕『秦肥越瘠』：唐代韩愈《诤臣论》文中有句：『今阳子（城）在位不为不久矣，而未尝一言及于政，视政之得失若越人视秦人之肥瘠，忽焉不加喜戚于其心。』后世遂以秦肥越瘠一辞指地方官吏之不关心政事者。

〔三〕『陽陵』：汉初曾置左冯翊弋阳县，随改名阳陵县，治所在现在高陵县西南。此次乃以阳陵指高陵。

〔四〕『薄磽』：瘠薄多石的土地。硗音 qiao（敲），常与『确』相连为『硗确』，形容土地瘠薄。

〔五〕『不斷』：断指意志的果断。文中『且或不斷』意为如果不果断行事。

〔六〕『渠開伍道』：即刘公四渠（中白、中南、高望、隅南）加中南渠上的分支渠昌连渠，共五渠。参见本碑文集《高陵令刘君遗爱碑》一文说明。

〔七〕『䆉稏』：音 ba ya（罢亚），稻名。也可解释为形容稻谷很多或稻谷摇动的形态。

〔八〕『檉』：音 cheng（乘），河柳，又名观音柳、山川柳、西河柳、湖流、红柳、三春柳等。落叶小乔木，供观赏，枝叶可入药。

〔九〕『邑人桑楚，伏臘村翁』：『桑楚』是说桑园、桑田齐楚整饰的意思，可以引申为家园美好。『伏臘村翁』应作『村翁伏臘』，是为了押韵而倒装。夏季伏日和冬季腊日都是古代节日，村翁们欢乐庆祝，以示生活富裕。

〔十〕『竇琰』：唐代长安人，初出任北海令，即在山东省益都县（即青州市）一带作官，很有政声，开修过灌溉渠，人们称之为『窦公渠』。本文称他导涺堰荆，则可能以后调任湖北省继续开拓水利工程。

〔十一〕『雲仍』：远代的子孙。文中『雲仍相守』意为：刘仁师如同他们的父母（知县官是民父母），后代一直把刘视为远代的祖先祀奉。

〔十二〕『存否』：否读 pi（匹）。秽浊破败的意思。

〔十三〕『培塿』：音 pu lou（部娄），小土丘。文中意为，庙宇已圮坏得成一个土丘了。

〔十四〕『鬱鬯』：读 yu chang（鬱昌），古代祭祀用的酒名，以鬱金草取汁合黍酿成。文中意思是无论桂醑（桂花酒，美酒）或山芹（贱薄的献品）总是表示着人民对刘公的敬仰和怀念。

〔十五〕『鹿苑』：县名，唐武德二年分高陵另置鹿苑县，贞观元年废，又并入高陵。此处指高陵县。

〔十六〕『京坻』庾廪：『京坻』本作『坻京』，语出《诗经·甫田》：『曾孙之庾，如坻如京』。按古注，京是高丘；坻是水中出露的高地。乃是一种形象，表示谷米堆积很高，形容丰收。『庾廪』都是储粮食的仓库，意为仓库中粮积如山。

〔十七〕『報賽』：古代农事完毕后举行的祭祀活动，多在秋冬之际举办，相当于后来春节中的社火活动。

【译文】 天启元年，岁次辛酉，七月丙申，这天是初一，过了十九日是戊午日，皇帝授予文林郎、后来的学者、山西孝义县人赵天赐为高陵县知县的官衔，率领众人重修唐代高陵县令、累迁检校屯田水部郎兼侍御史刘公的祠庙。庙落成后，恭敬地准备了牲口甜酒等各式各样的礼品，进行祭祀。祭词大意为：

唉！纵观古今官吏，把做官看作住旅馆，一心谋求升迁，对老百姓的事漠不关心，就像越国人看待秦国人的肥瘦一样，看着日影移动点头说『可以』『可以』，得到替代的人就离去了。这样的官吏名声埋没恩泽消失，县志上没有事迹记载。像刘公这样的人，古代能有几个！无论是功臣世家、名门后代，还是在高陵放牧的人，都知道刘公清廉得像寒冬潭水一样清澈，他的仁爱像用乳汁养育孩子一样。把本县城看作自己的家，把老百姓看作自己的孩子。有危害就一定除去，有利益就一定提倡，想到这种雨露的恩泽，就是瘠薄多石的土地也会丰收。只有那渠道里流动的泉水，完全能弥补大自然的力量。每当山洪暴发的时候，洪水居高临下，就像在房顶往下倒水一样。如果没有渠道没有拦水堰，水流泛滥后又回到泾河。刘公熟悉这个原因，代表老百姓向朝廷表达意愿。遗憾那些泾阳人，用坏办法阻拦刘公的心愿，我们高陵人应得的利益，不能预料什么时候实现。低贱的江湖术士的诽谤，将要阻挠我们的施工队伍。他自己不是为了百姓，而是好像自己身上有了创伤和病痛；他的这种用心啊，真是大勇敢大慈悲啊。况且若是当时不果断，行动犹豫不决，只是顺着上级官员的意图，不敢有一点差错，这个机遇一旦耽误，还能再送给谁呢？刘公唯独不这样，亲自到丞相府，对抗众官的意见，顶撞权贵；甚至要碰死在丞相面前，用额头的血来染红丞相的车垫！丞相感叹佩服：『你真是老百姓的父母官啊』。于是丞相极力向皇帝请求，这才实现了修渠的美好行动。于是刘公观察山势，开凿水道，泾河渠道得以恢复振兴，老百姓像看望自己父母一样跑来。只听得轰隆的声音，渠开通了伍道支渠，功利惠及千家万户！渠水原原本本地，经过田埂环绕护城河。于是平谷类堆积很高很多好像云层，稻像歌颂子摇摆好像绳子一样粗。于是可以经常实施灌溉，不用再担心天气了。柽柳和杨树夹道林立，像歌颂刘公又像在倾听百姓的欢欣。老百姓把这种水利的好看作真正的好处。老百姓从中得到了利益为了报答刘公的深厚恩德，百姓请求圣旨批准，为刘公建立祠庙，生孩子用刘公的名字来命名。高陵人的农桑茂盛，村里的老人们在节日欢庆。祠庙的造型非常的高大，这是谁的功劳？从前有窦琰；在荆州排积水修拦水堰。秦代有郑国，只是考虑治理泾水，他的祠庙怎么样了？查访这里的民风，都说刘公不仅劝导百姓，救活了亿万人口，而且留下了芳名，留在亿万人的心中。刘公的祠庙和刘公修的渠道，光辉映照以前和以后，刘公当年的子民，多少代的孙辈还在留守着这块土地。距今千年，刘公庙的建筑还存在吗？琉璃绿瓦被大风吹走，黑老鼠大白天到处乱跑，刘公的画像浸水剥落，庙宇已经毁坏得像凭空出现的小土丘。现在我顺应民心，减少我的俸禄首先倡导修庙，在新修刘公庙宇以后，又画了刘公的肖像。落成没几天，百姓的心情开始顺畅了。

把刘公和大禹并列，美德芳香，拿我和刘公并列，我愧不敢当。现有桂花酒和山芹，只是请刘公享用。刘公的功德遗留下来造福黎民百姓了，各条渠道的水流进了田陇。刘公啊你的神灵可一定要明察，永远保佑我的百姓。好雨撒播四时和顺，渠道延长像一道长虹。千年以来，高陵时常丰收，仓库的粮食堆积如山。妇女儿童安宁，过了这么多年，经常为您组织新的社火活动。请享用吧！

兵巡關內道沈示碑

撰文：赵天赐

年代：明天启二年（公元一六二二年）

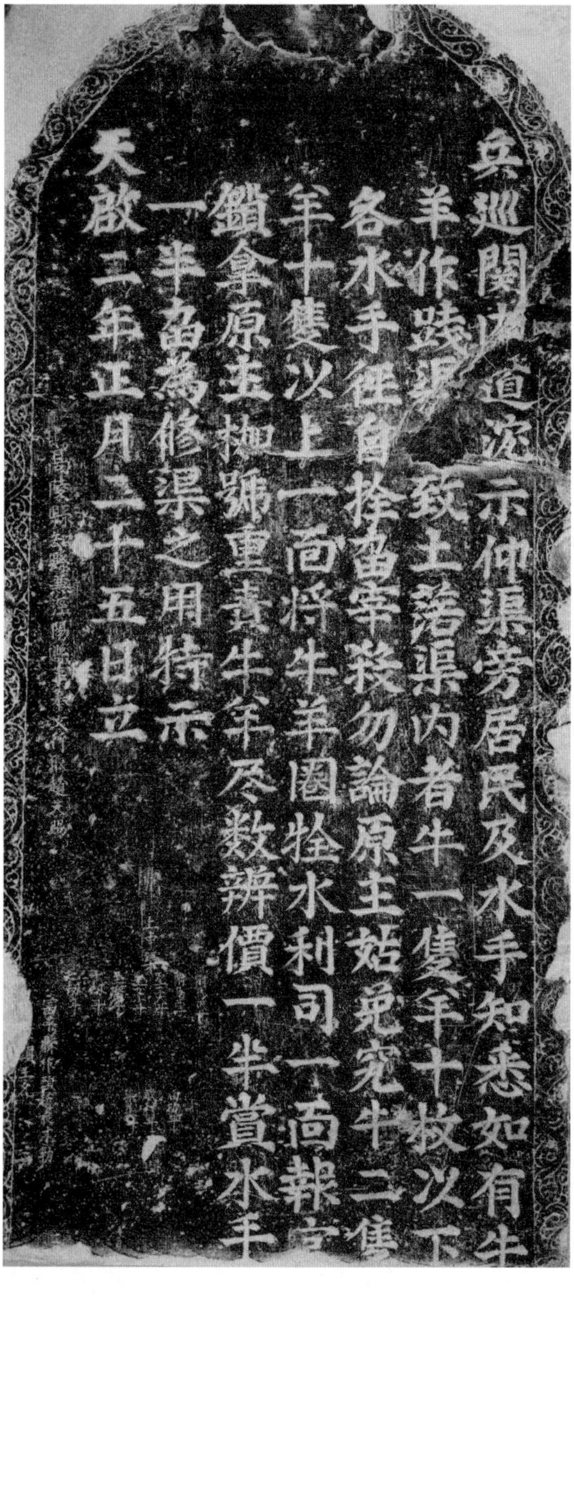

【碑文】

兵巡關內道[一]沈示：

仰渠旁居民及水手知悉：如有牛羊作踐渠岸，致土落渠內者，牛一隻、羊十枚以下，各水手徑自栓留，宰殺勿論，原主姑免究；牛二隻、羊十隻以上，一面將牛羊圈栓水利司，一面報官鎖拿原主，枷號[二]重責，牛羊盡數辨價，一半賞水手，一半留為修渠之用。特示。

天啟二年正月二十五日 立

上中渠 附馬東斗 附馬西斗

聖女大斗 聖女小斗

至廣斗 十劫斗

七劫斗 白功斗

成村斗 染渠斗

高陵縣知縣兼涇陽縣事奉文行取[三]趙天賜

富平縣作頭趙良才勒

石匠王允

【背景】 本碑原立于泾阳县汉堤洞村泾惠渠北干渠旁，也就是古白渠三限闸附近。乃是明代天启（公元一六二一～一六二七年）间关内道道尹为保护渠道而发的告示。这也许是最早、最严格的渠道管护条例。

【注释】

〔一〕『關内道』：历史上的行政区划名称。唐因山河形势之便，分置全国为十道（后又增至十五道），其中京畿和关内二道的治所同在长安。明初布政，按察二司以辖区广大，由布政司的佐官左右参政，参议分理各道钱谷，称为分守道；按察司官副使、佥事分理各道刑名，称为分巡道。本文所谓『兵巡关内道』是指被派遣的分巡道道员（亦称道台）。

〔二〕『枷號』：带刑枷号令示众。

〔三〕『行取』：明制。州县官有政绩者，可由地方大官员保举。由吏部行文调取进京，通过考选补授科道或部属官职，称为取。头衔上加行取二字是一种荣誉。

【译文】

兵巡关内道沈某告示：

敬请渠道旁边的居民及专职水管人员知悉：如果有牛羊作践渠岸、致使土落入渠内的，牛一只、羊十只以下，各位管水人员可直接将其栓留或宰杀，牛或羊的主人可免予追究责任；牛二只、羊十只以上，一方面将牛羊扣留在水管部门，另一方面报官锁拿牛羊的主人，带刑枷示众以重责。牛羊尽数折价变卖，一半奖赏给专职渠工，一半留作修渠的费用。特此告示。

撫院明文碑

撰文：孙□

年代：明天启四年（公元一六二四年）

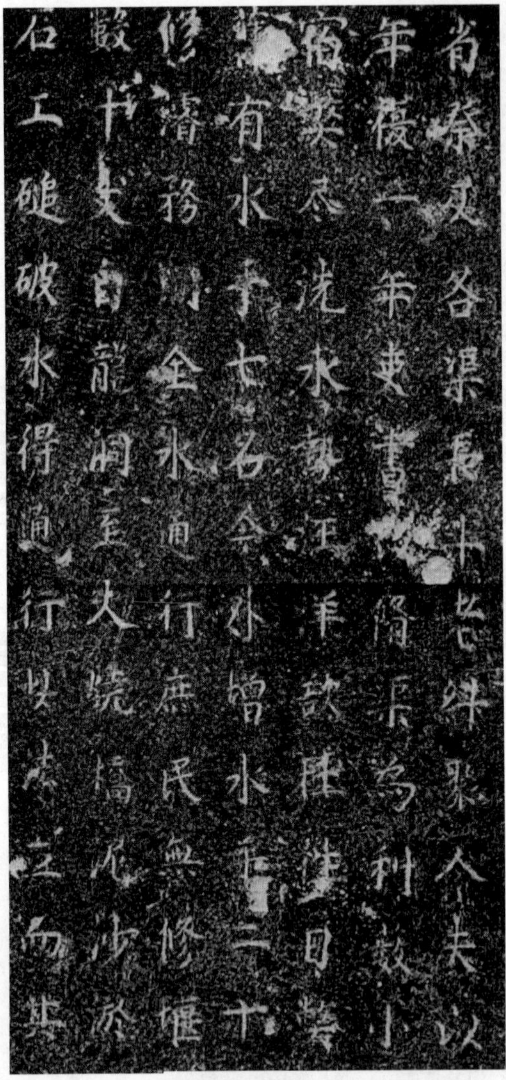

碑文局部

碑头

【碑文】 欽差巡撫陝西等處地方督理軍務都察院右副都御史孫，為勒碑杜禁以垂永利事：

水利為民生第一，開浚乃地方首務，自非念切牧民，鮮不委之故事，據按察司沈呈稱：洪堰一渠，久被淤塞，按修堰故事，每年自冬徂春，四縣委之省祭〔一〕及各渠長、斗老〔二〕，糾聚人夫以千萬計；饋送糧米，玩日愒時，吏胥冒破〔三〕甚深，□□（及至）春耕人夫散去，而渠依舊未浚也。年復一年，吏書以修渠為利藪，小民以修渠為剝膚！非一日矣。今職委用□□□、□□□□（某某某等），損俸募工，徹底修浚一番，宿弊盡洗，水勢汪洋。欲杜往日弊竇，惟在增添水手〔四〕，時時疏通。所費□（乃）不過萬分之一，而小民得受全利矣。因查本渠舊有水手七名，今外增水手二十三名，共三十名。督責專官□□□□（着時常疏）壅修浚，但有冲崩淤塞，即令□□□（各水手）不時點□（檢）修浚，務期全水通行。庶民無修堰之費，而水無河伯之蠹〔五〕。

果自天啟二年設立水手之後，二年、三年內涇水大漲，水□（高）數十丈，自龍洞至火燒橋泥沙淤塞幾滿——該縣申呈、水手結狀可查。賴□□（水手）不分□□（晝夜）挑浚；渠中小石，本司仍損俸□（募）石工錘破，水得通行。此法立，而其效彰彰之券也。

以後非石岸崩圮大工，該申請另議佐修外，凡小有淤塞，水手□□（不得）因循。其水手工食，每名每年給銀陸兩。復查本渠兩岸官地，自王屋一斗[六]上至野狐橋可以耕種，久被豪右霸占，仍□（期）令□□□（該地方）清文明白。每名給種無糧官渠岸地，准抵工食銀貳兩伍錢，外給銀叁兩伍錢。共該工食銀一百伍兩。此項銀兩應在涇、三、醴、高四縣受水地內照畝數均攤。查得四縣受水地共七百五十五頃五十畝。每頃該派銀壹錢叁分捌厘玖毫捌絲零。其涇陽縣受水地六百三十七頃五十畝，該派銀兩捌拾捌兩伍錢玖分玖厘玖毫捌絲；高陵縣受水地四十頃五十畝，該派銀伍兩陸錢貳分捌厘柒毫伍絲；三原縣受水地四十六頃五十畝，該派銀陸兩肆錢陸分貳厘柒毫叁絲；禮泉縣受水地三十一頃，該派銀肆兩叁錢捌厘玖毫三絲。自天啟三年起另立一簿，徵收完日，關送涇陽縣類貯，分為上、下半年支給。

據議，深於水利有裨。誠恐日久，各官遷轉不一，新任未諳，妄自裁革；或各役朦朧告退，致已效之良法偶替，斯民之水利無賴。合擬將水手名數及四縣地畝、應派工食銀數，勒之於碑，永為遵守。檄專官□□□（人役等）毋始勤終怠，仍按季申報本院并各該管衙門，庶本之最殿并各役之功罪，稽查有憑，而洪堰有賴。不負沈□□設立之美意矣。須至碑者。

天啟四年歲在甲子長至日

西安知府鄒嘉生

涇陽縣知縣苗思順　主簿劉進龍　催工人徐盈涇陽張齊仁

三原縣知縣姜兆張　主簿孫文紹　三原姜士俊

禮泉縣知縣梁一瀾　主簿包大圭　禮泉高迷烈

高陵縣知縣聶溶　典史□□　高陵黃夢麒

石匠王允

【背景】　此碑是明代天启年陕西巡抚核准按察司所呈建议而明令颁行的通告。碑文明确了增加管水工人员编制、管水工工资、工资来源以及管水人员的职责等。碑文中也揭示了当时广惠渠的实有灌溉面积以及各县所占面积，是考证广惠渠灌溉面积的重要资料。

【注释】

〔一〕『省祭』：县署内的小吏，传达上司指示，具体办理事务。

〔二〕『渠長、斗老』：渠长相当现代的段长，斗老即斗长。

〔三〕『吏胥冒破』：吏员们冒支浮销，从中舞弊。

〔四〕『水手』：泾渠水利司编制的专职渠工。其职责与人员数额不详，古文献中只有明朝后期才出现水手字样，可能此时方开始正式编制，但清朝以后的各种记录中又消失。

〔五〕『河伯之蠹』：原意指『河伯娶妻』给人民带来的祸患。本文借指修渠中吏胥们营私舞弊的行为，文中『水無河伯之蠹』句，是说纠正了往日修渠中的贪污弊端而兴利于民。

〔六〕『王屋一斗』：古白渠上的第一座斗门，至今沿渠老年人仍习惯用此名称。位置在今泾阳县王桥镇西总干渠右岸。

【译文】 钦差巡抚陕西等处地方督理军务都察院右副都御史孙某，为刻碑堵塞以后可能出现的工作漏洞以流传到永利部门的有关事宜：

水利是关系到百姓生活的第一项事业，开凿疏通渠道是地方官吏的首要任务，如果不是迫切挂念管理好百姓，很少不按老例承担任务，据按察司沈某呈文说：

洪堰这一条渠，很久被淤积堵塞，按照修堰老例，每年自冬季到春季，泾阳、三原、礼泉、高陵四县委派的监察官以及各渠段长、斗长，动员聚集民工以千万计；赠送粮米，贪图安逸，浪费时日。官吏冒领开支夸大花费的现象非常严重，等到春耕时民工解散回去，但是渠道依旧没有疏通。这样年复一年，官吏把修渠作为谋利的机会，百姓则把修渠看作如剥削肌肤一样的痛苦！这种现象的存在已经不是一天两天了。现今委派某某等任用职务，拿出自己的俸禄来招募民工，彻底修葺疏通一番，把积累的弊端全部洗刷掉，使渠道的水势像汪洋一样流动。要杜绝往日的弊端漏洞，只有在于增添专职渠工经常疏通渠道。这样所花费就不过以往的万分之一，而百姓的利用得到了保全。经查证，本渠旧有专职渠工七名，现在另外增加专职渠工二十三名，共三十名。由专门管水的官员督促要求，让他们时常排除壅堵，修通渠道，只要有冲击崩塌淤积堵塞，便立即命令各位专业渠工不时地检查修理疏通，一定期望达到全渠段水流通行。老百姓没有修堰的花费，官吏也不会因为治水而出现贪污作弊的现象。

果然自从天启二年设立专业渠工以后，天启二年、天启三年的时候泾水大涨，水高数十丈，自龙洞至火烧桥泥沙淤塞几乎填满渠道——该县申请呈报，专业渠工签订的保证书可以查考。依靠专业渠工不分昼夜挑工疏通；至于渠道中的小石块，本司仍旧拿出自己的部分俸禄召募石工锤破，渠水得以通行。这个法规建立后，于是其功效清楚有据可查了。

以后如果不是石岸崩塌一类的大工程，应该申请另行商议帮助修建以外，凡是小有淤塞，专业渠工不得延迟拖拉。专业渠工的工资，每名每年发给白银陆两。又查本渠两岸官有土地，自王屋一斗上至野狐桥都可以耕种，长久被豪强霸占，仍期望命令该地方清楚发文明确报告。每名渠工分给种植没有种粮食的官有渠岸边土地，准许抵充白银贰两伍钱工资，另外发给白银叁两伍钱。该项专业渠工的工资共银一百零伍两。此项银两应在泾阳、三原、礼泉、高陵四县蒙受水地效益的人家中照亩数均摊。查得四县可灌溉水地共七百五十五顷五十亩。每顷该派银壹钱叁分捌厘玖毫捌丝零。其中泾阳县可灌溉水地六百三十七顷五十亩，该摊派银两捌拾捌两伍钱玖分玖厘玖毫捌丝；高陵县可灌溉水地四十顷五十亩，该摊派银伍两陆钱贰分捌厘柒毫伍丝；三原县可灌溉水地四十六顷五十亩，该摊派银陆两肆钱陆分贰厘柒毫叁丝；礼泉县可灌溉水地三十一顷，该摊派银肆两叁钱捌厘玖毫三丝。自天启三年起另立一个账簿，征收完成的时候，发公文送达泾阳县分类贮存，分为上、下半年支取发给。

据商议，此办法对于水利事业深有帮助。真怕时日久了，各位官员发生升迁调动，而不熟悉状况的新任官员，自作主张胡乱裁减废除；或者各位役工稀里胡涂地报告辞职，致使已见成效的好办法偶然衰落废除，这样百姓的水利事业就没有依靠了。于是共同拟定将专业渠工员额数目以及四县地亩、应派工资银钱数刻写到碑石上，永远作为遵守的制度。发公文命令专管官吏人役等不得开始勤奋而最终懈怠，仍旧按季申报本院并各该管衙门，基本可以根据这个报告来当堂一并处理，奖励有功劳的各位役工，惩罚有罪过的各位役工，考核调查有凭据，于是洪堰有依靠。不辜负沈□□设立专业渠工制度的美好意愿了。一定要按照碑文办呀。

修渠記碑

撰文：王際有　書丹：許琬

年代：清康熙八年（公元一六六九年）

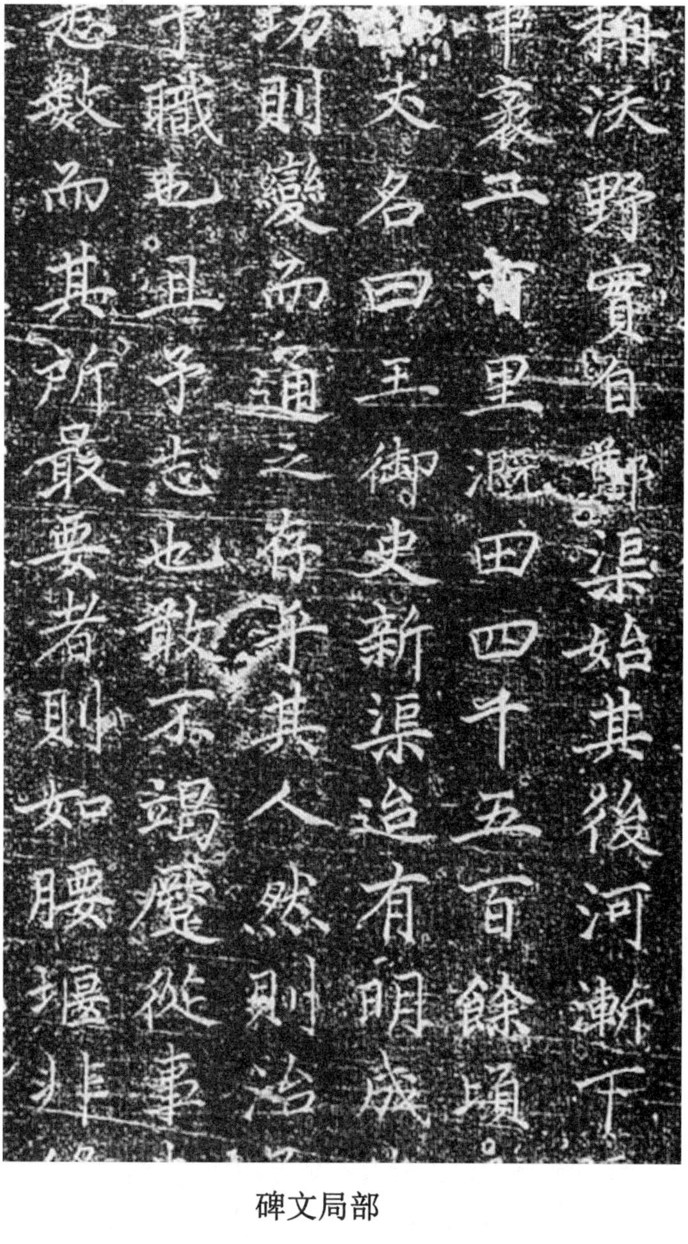
稱沃野實首鄭渠始其後河漸
衰三
里溉田四千五百餘頃。
丈名曰王御史新渠迨有明成
功則變而通之存乎其人然則治
于職也。且予志也敢不竭蹶從事
數而其所最要者則如腰壩
碑文局部

【碑文】

賜進士第文林郎知涇陽縣事潤州王際有撰文

文林郎知高陵縣事上谷許琬書丹

文林郎知三原縣事三韓陳延祚

文林郎知禮泉縣事三韓鄭廷秀　篆額

從古治民，必先水利，故溝澮洫川為法至備。自公孫鞅廢井田之制〔一〕，而豪右〔二〕得以兼侵，細民不沾膏澤；鴻雁嗷嗷〔三〕，有嗟半菽之未飽者！此無他經理鮮術，水利止為有力者之外壑，雖有水利與無水利等也。

秦之巨浸，曰涇曰渭。渭不具論，惟兹涇水，出岍頭山自平涼界經邠入乾，千有餘里，皆行高阜，至仲山谷始就平壤，其水可因勢而利導也。昔韓惠王為疲秦之策，命水工鄭國説秦開渠，秦用其謀，溉田四萬餘頃，畝收一鐘。關中之稱沃野，實自鄭渠始。其後河漸下，渠漸高，而涇水不能引。漢元鼎間，左內史倪寬乃穿六輔渠，以溉鄭渠旁高仰之田。太始間，趙中大夫白公，又於上流開石渠，引涇水入櫟陽注渭，中袤二百里，溉田四千五百餘頃，民作水歌以頌之。至宋大觀間，提舉趙佺等自仲山旁鑿石渠，凡四十有二丈，名曰『豐利渠』〔四〕。及元至大間，御史王琚從上流鑿山為渠，凡五十一丈，名曰『王御史新渠』。迨有明成化間，都御史項忠於大、小龍山鑿石一里餘，則為『廣惠渠』。正德間，都御史蕭翀鑿石為渠，長四十二丈，則為『通濟渠』。歷代之渠，迭有興廢，而修葺之功則變而通之，存乎其人。然則治民者□不先謀水利哉？

己酉春，陵邑掌科〔五〕仲升魚先生，為予同年友，以修渠囑予曰：『瓠口水衡〔六〕，四邑民命是賴，及時修築，其勿緩哉！』予曰：『唯唯，此予職也，且予志也，敢不竭蹶從事。』先是，魚掌科謀之高陵尹延修許君，許君力為之倡，同予□邀三原尹寧宇陳君、醴泉尹朝宗鄭君，偕詣渠所，驗其形勢，度其經營。見壅潰之處不可悉數，而其所最要者則如：腰堰非修復舊截，水不下流也；石隔於龍洞，非身入其內搜淘積石，將如隔噎之中阻也；小退水槽為上流咽喉，必換截以防其泄；王御史口尤屬扼險，石堤不固，涇水必至冲崩；天澇池砂石梗塞，宜煅煉以鑿之；大卧牛石以上堤岸滲漏，渠水入河者大半，非米汁油灰灌其石縫不能堅久；大退水槽以上之補滲亦如之；其退水槽必重截鐵練，方可以資啟閉也；火燒橋砂石不可不浚，而岸橋更為損壞矣，巨石傾墜中流，必盡起之，而水斯行如旁岡渠；趙家橋土與橋平，而故道不通矣，尚望水之汪洋乎？下此則為土渠，每多淺隘。

諸同寅相與喟然嘆曰：何前人為其勞、今人幸為其逸也？何前人為其易、而今人更為其難也？其逸者，往迹可循，不煩特創；其難者，日久廢馳、工艱而民疲，後人竭力什百，不及前人之成功一二也。予曰：『無難也，在得其人以治之耳，有吾涇二尹式似張君，可無憂矣。』

因以渠事托之，且屬以三邑之渠事咸托之——蓋涇陽之工居多，而三邑地勢隔遠，臂指不運，張君之才實堪兼任而愉快也。果鼓其朝銳，躬率興作，出土見底，挑運有法，且石堅處舉火煅開、洞幽處引繩深入、漏者補、淤者疏。夫役禁其包攬，損俸以犒，人皆樂趨，財不傷，民不勞，而工可速就。其役始於季春之朔，即於是月終告成。諸同寅酬神之日，徵記於予，予系守土，何敢僭為記？然予既系守土，又何得不為之記？是記也，豈徒侈揚諸同寅之功德并張君之賢勞、欲自附□□(先賢)以籍不朽乎？竊念利之所在，害必倚伏，今日之修雖可數十年而不敝，但恐水夫老人蝨蠹其中或暗損閘堤，或任意放閉，弊滋流竭，又致騷然興工，因以漁利。則防微慮遠，又不可不為之計也。爰著貞珉（七），以告後之治民而謀水利者。

附掌科魚仲升先生□□□□(七律一首)，□(另)成一律□□□□(次韵奉和)：

□□□□□淙，□應□□□□。□□□□噴社雨，聯阡草底醒花風。河靈蜓引歸人力，魃虐冰關奪化工！父老年逢村酒熟，頻斟厘祝與山崇。

疏鑿山崖弦石淙，龍□□度遠來鐘。一千□□□□□，億萬犁次水面風。非為濯纓探古迹，敢將長□咏成工。馮君諫草陳民隱，水旱□□五位崇。

康熙八年歲在己酉夏肆月日建

【背景】 广惠渠受泾河洪水与泥沙冲击，屡修屡坏。经过明末战乱，到清朝康熙之际，历时二百余年，已濒临废弃。本碑文作者王际有此时任泾阳县知县，注重水利，并有过一定的政绩。他在文中指出了各项工程问题以及解决办法。他这次任命张式似(张肯谷)领导修葺，由于领导有方，工程速见成效。

【注释】

〔一〕『廢井田之制』：『井田制』相传是我国殷、周时代奴隶社会的一种土地制度，因它将土地划作九区，形如井字，故名。秦商鞅变法，废井田制度，开阡陌封疆，奴隶制逐渐被封建制的生产关系所代替。

〔二〕『豪右』：豪门大族巨富权贵之家，恃势以夺人之所有者。

〔三〕『鸿雁嗷嗷』：『鸿雁』一词，是《诗经·小雅》的一首诗篇名，诗意表现人民离散、不安的痛苦。后世遂以因灾难流离的老百姓为『鸿雁』或称『哀鸿』。鸿雁嗷嗷就是灾民的呼号声。

〔四〕『豐利渠』：丰利渠本是由汉白渠的渠口逐渐向上游伸展，并开拓石渠引水工程，是一个新的引水渠系。作者在这里说说的『凿石渠凡四十二丈』便是丰利渠，乃是误以通济渠段为丰利渠。

〔五〕『掌科』：县教喻或训导官的别称。

〔六〕『瓠口水衡』：『水衡』是古代掌管山林和水域的官名，在这里建议者(鱼仲升)是以泾阳县令托比为掌管泾河水利的主官。

〔七〕『貞珉』：碑石的美称。

【译文】　自古以来治理百姓，必先治水，故挖沟修渠疏导河流实施的办法极其完备。自从公孙鞅废除井田制度，于是豪强得以兼并侵吞土地，平头百姓不能沾到任何好处；百姓受苦受难，悲痛哭号。有人哀叹吃不到半点蔬菜！这没有别的原因，是治理泾渠缺少办法。水利只成为有势人家的沟渠，有水利和没有水利是一样的。

秦地的大河有泾河与渭河，渭河就不详细说了，只说这条泾河，源出岍头山从平凉界经过邠州进入乾州，共计一千多里，都在地势较高的地段流过，出了仲山山谷就到达了平原地带，在这里泾河水可以顺着地势向低处流去。从前韩惠王制定使秦国国力受累的计策，命令水工郑国说服秦国开凿渠道，秦采用他的计谋，灌溉田地四万余顷，每亩收获一钟（折合六十四斗）。关中之所以成为沃野之地，实际上就从郑国渠建成之后开始的。后来河床逐渐下切，渠道渐渐变高，于是泾河水不能引入渠道。汉代元鼎年间，左内史倪宽于是修通六辅渠，用来灌溉郑国渠旁边高仰的田地。太始年间，赵中大夫白公，又在上游凿石开渠，引泾河水经过栎阳流入渭河，其中南北长二百里，灌溉田地四千五百余顷，百姓作水歌来歌颂白公的功绩。到了宋代大观年间，提举赵佺等从仲山旁边开凿石渠，共有四十二丈，起名『丰利渠』。到了元代至大年间，御史王琚从上游凿山为渠，共五十一丈，起名『王御史新渠』。等到明代成化年间，都御史项忠在大龙山和小龙山开凿石渠一里多，这就是『广惠渠』。明代正德年间，都御史萧翀开凿石层作为渠道，长四十二丈，这就是『通济渠』。历代的渠道，不断地发生兴修和废毁的情况，于是修葺的办法就要改变以符合实际情况，这就在于那干事的人了。既然如此，治理百姓怎么能不先谋求发展水利呢？

己酉年春季，高陵县训导鱼仲升先生，是我同年好友，为修渠之事叮嘱：『你作为掌管泾河水利的主官，四县百姓的生命就依靠泾渠水。及时修筑，可不要延缓啊！』我说：『是啊是啊，这是我的职责啊，而且也是我的志向啊，怎敢不尽心竭力从事这方面工作。』在这以前，鱼训导同高陵知县许延修君商议这件事，许君极力为他倡导，并且与我邀请三原知县陕宇君、礼泉知县郑朝宗君，一同到达渠首现场，查验那里的地形水势，计划经营治理的方案。我们见到壅堵崩溃的地方不能完全数清，这地方最要紧的有：腰堰不修复过去阻截的地方，渠水就不往下流了；石头在龙洞阻隔，不亲身进入那里边搜寻淘挖积垒的石块，就会像隔断咽喉那样从中阻塞渠道；小退水槽是上游的咽喉，必须更换拦水堰来防他泄流；王御史渠口属于关键险要的地方，石堤不坚固，泾水一定会在这里冲毁崩塌；天涝池砂石阻塞，宜合用火煅炼石料以便开凿；大卧牛石以上堤岸渗漏，渠水大半漏入泾河，除非用米汁油灰灌那石缝才能坚固持久；大退水槽以上的修补渗漏办法也像这样；那退水槽必须重新剪截铁链，才可以帮助闸门打开和关闭；火烧桥内的砂石不可不疏通，同时渠岸桥梁损坏地更为严重了，巨石倾坠渠道中，必须全部搬起运走，否则渠水会流到旁冈渠，赵家桥区段渠道中积土高处和面桥平行了，使得原来的渠道不通流了，怎么能期望渠水汪洋波浪呢？从这里往下流就成为土渠了，很多地方常常变浅变窄了。

各位同僚相互叹息说：为什么前人为渠道操劳、今人却有幸因渠道而安逸呢？为什么前人修渠容易、而今人再做这件事却认为这事艰难呢？那安逸是因为，过去有经验可以遵循，不烦劳特别创造；那艰难是因为，时日旷久渠道毁废工作松弛，工程艰巨且导致百姓疲惫，后人竭尽十倍百倍的努力，也达不到前人成功的十分之一二。我说：『不难，在于得到那合适的人才来治理吧，有我们泾阳县丞张式似君，可以没有忧虑了。』

于是把修渠事务委托给他，并且说明把三县的修渠事务全部委托给他——这是因为泾阳的工程居多，而三县地势远隔，指挥不到，张君的才能实在能胜任这样的工作。他果然充分发挥了自己的朝气锐气，亲自率领民工努力工作，挖出泥土见到渠底，挑运有力法；并且在石层坚固的地方用大火烧煅开、在隧洞幽深的地方放下绳索深入施工、把漏的地方补好、淤积的地方疏通。民工不让他事必躬亲，他拿出自己的俸禄来犒劳民工，大家都乐于参加，财物不浪费百姓不劳累，而且工程可以迅速完成。这项工程开始于季春三月初一，就在这一月月末宣告完成。各位同僚在祭祀水神的那天，让我写碑记，我是管理地方的县官，怎敢越权写碑记，然而我既然是管理地方的县官，又为何不能为这件事写碑记？这篇碑记，难道只是为了夸大宣扬各位同僚的功德以及张君贤能勤劳、要把自己的名字附在先贤后面来谋求永远流传吗？没有思考利益所存在的地方，祸害也一定倚靠潜伏，今日的修筑尽管可以数十年而不破废，只恐怕有些专业渠工、斗长从中破坏或者暗损闸堤，或者任意开放关闭，破坏设施以图水流枯竭，又达到骚然兴建工程的目的，用这办法来谋求好处。那么为久远作考虑在这种坏事刚萌芽时，就加以制止，又不可不为这种可能发生的现象制定对策。就把这些内容刻到这块好碑石上，来告诉后来治理百姓以及谋求水利的人。

涇陽縣重修鄭白渠碑記碑

撰文：钱珏　書丹：張恂

年代：康熙十四年（公元一七一五年）

【碑文】《禹貢》[一]之言，治水尚□□，其法不出於二者：疏以泄之，防以止之而已。疏以泄之者何？所稱九川滌源[二]是也。防以止之者何？所稱九澤既陂[三]是也。予世家於楊州之域，大江以南為水之所都，嘗訪求神禹古道，所謂三江既入、震澤底定[四]者，時有滬瀆[五]壅蔽之患，則水田廢為沮洳，非滌川不為功。

今奉命歷官雍州之域，涇屬渭汭之間。而餘莅涇言涇，涇水發源於平涼界，千裏皆峻波，至於仲山始落平壤。秦用鄭國說鑿渠溉田，漢白公嗣修之。渠之綿亘跨五邑，壤以里計者三百有奇，所溉田以頃計者四萬有奇。關中之田不為斥鹵而稱沃野，實自鄭白渠始，則又以陂澤為功者也。迨河勢日下，渠口填淤，水不得入。自兒寬王琚而下，能為民因勢利導者，或數百年一治，或數十年一治，其遺迹往往可考也。雖然，壞成之數既久，不能使之無，而貴治之。以時大壞而後求之與夫未壞而先圖者，則大有間矣。壅噎而不為之計，以俟夫龜坼而不可為之者，不少有間矣。予甫下車，披圖考志，首問水利。蓋鄭白渠之修不能十年而堰者，或漏閘者，或腐沙之漲者，今淤矣，餘有憂之，亟謀更修，上其事於憲府。憲府以俞醫[六]之比境，諸大夫皆曰然。予遂牒於呂丞時達俾董其成之。

康熙□□□□月朔也，會方春作，因驰期九月，乃召父老而屬之曰：世業出貲，穡人出力。立表鳩工，從某至某浚渠若干裏，廣丈二尺以至丈有八尺有差，深視地之高下；堤之厚為丈者一而嬴其尺；有四閘用若干板，民用若干工，逾月而告竣。微呂君之耆事，涇民之用命不及此。於是向之漏者湮，腐者易，土之淤者今疏之。而又定其引水有時，時有定準，不逾晷刻。一如其制，農無爭心，野無曠土。此在我界內者，皆予所得而知者也。父老歸美於餘曰願有記。

嗚呼！方今師環於疆，民愁於室，所需者貢賦。貢賦不足，源於農政之不理，農政不理，由於水利之不興。有司徒之守土，強督貨賄，而以治農為迂、務水利為閑官者，其亦於滁川、陂澤之功闕焉而弗講歟？今天子褒崇實學，咨訪經濟，誠得其人，大破資格任以司農、司空之職；巡行九州，寬其報政之期，遠溯前人之遺烈。專修蓄水、泄水、蕩水、均水之法與溝瀆澮池之令，則作者既垂諸長久，而繼者不至於湮沒，其功利所及，豈特一方興數十年而已哉！渺茲下吏，不禁涉筆而慨然有感也！同刻諸石，非敢自序其績，以附於倪寬、王琚諸先生之次，亦姑以望後之君子吏茲土者，得以覽觀而治之以時，知所先務焉，則予之志也夫。

鄉進士文林郎陝西西安府涇陽縣知縣加三級戊午陝闈鄉試同考官吳興 錢玨撰文
予告大中大夫通政使司通政使前癸未進士杜陵 周之桂篆額
內府中書科中書舍人前癸未進士邑人 張恂書丹
康熙歲次已未孟夏穀旦立
教喻舉人真寧 鞏我造
縣丞 山陰 呂時達
典吏 會稽 陳達
督工鄉約餘九學 王可□ 畢三先
工房吏書李永年
美原 趙文義鐫字

【背景】 碑文內容大致可以反映清朝初期，在拒泾引泉之前，渠道常被淤塞所患，堤闸也遭受破坏，于康熙年间进行的一次维修。原碑已佚失无存，碑文拓片由旬邑县水保局唐文彦先生收藏。

【注释】

〔一〕《禹貢》：《尚书》中的一篇。作者不详，用自然分区方法，记述我国的地理情况，把全国分为九州，假托为夏禹治水以后的政区制度，对黄河流域的山岭、河流、土壤、物产、贡赋、交通等，记述较详。长江、淮河等流域的记载则相对粗略，把治水传说发展成为一篇珍贵的地理记载，是我国最早的一部科学价值较高的地理著作。

〔二〕『九川滌源』：治理江河，清除障碍。九川：指九州的大川。《史记·夏本纪》司马贞《索隐》：以弱、黑、河、瀁、江、沇、渭、洛为九川。

〔三〕『九澤既陂』：整修湖泽，坚固堤岸。九泽：古泽数总称。《周礼·职方》指扬州的具区，荆州的云梦，豫州的圃田，青州的望诸，兖州的大野，雍州的弦蒲，幽州的奚养，冀州的杨纡，并州的昭余祁。

〔四〕『震澤底定』：古泽数名，又名具区，即今江苏的太湖；底定犹奠定。《书·禹贡》：三江既入，震泽底定。《史记·河渠书》作致定，后多用作平定的意思。

〔五〕『滬瀆』：古称吴松江下游近海处一段为沪渎。即今上海市区的吴淞江。

〔六〕『俞醫』：指传说中皇帝的良医俞跗。文中意思是说自己的修渠建议，被上司认为可以比作俞跗医师的医方。

【译文】《禹贡》记载，治水的办法分为疏通来排泄水和修堤来阻拦水这两种。哪些是疏通来排泄水的呢？所说的治理江河，疏通源流就是这类情况。哪些是修堤防来阻拦水的呢？所说的治理湖泊、加固堤防就是这类情况。我家世代居住在扬州，大江以南是水流之所汇聚的地方，我曾探访寻求大禹所开的古水道，即使所说的三江得以入海、太湖水得到平定的地方，时常有入海口壅堵的祸患，导致水田毁废成为低湿的沼泽，可见不清理江河不算功劳。

现今我奉命在陕西这个地方任官职，泾阳县处于泾河水进入渭河的地段之间。我管理泾阳就说泾河，泾河水发源于平凉地界，千里都是地势高峻波浪湍急，到达仲山开始落入平坦的土地。秦代采用郑国的建议开凿渠道灌溉田地，汉代白公继续修筑。渠道绵延亘跨五县，土地以里计算的三百有余，所灌溉农田以顷计算的四万有余。关中农田不成为盐碱地而称为肥沃的田野，确实从郑白渠开始，就是又把筑堤蓄水作为功劳。因为河床地势日益下降，渠口填堵淤积，河水不能进入渠道。自从倪宽、王据以后，能为百姓依照地势向有利方面引导的人，有时是数百年治理一次，有时是数十年治理一次，那遗迹处处可以考查。尽管这样，毁坏和修成的次数已经久远，我们不能让它不发生，而贵在治理它。到了有大的毁坏然后寻求修复时，比起没有毁坏就事先考虑的情况，那就大有差别了。壅堵得像噎住咽喉一样而不为渠道着想，以至于等到那土地久旱干裂还不能修复的，更有着不少的差别了。我刚上任，披览地图查考县志，首选调查水利。郑白渠的修整没有十年就被拦截，有时渠闸漏水，有时泥沙涨溢，现今淤积了。对此我有了忧虑，迫切地谋求再次修整，向陕西省巡抚上报这件事。陕西巡抚把我的建议比作良好的医方，各位官员都比较认可。我就发文书委派吕时达县丞，让他主持完成修渠工程。

康熙□□□□月初一，恰逢春耕开始，于是预算工期到九月，就召集父老乡亲并告诉他们说：有祖传田地的家庭出钱，农民出力。立即造表册集合工匠，从某段至某段疏通渠道若干里，东西宽一丈二尺到一丈八尺不等，渠的深度依据地势的高低处理；渠堤的厚度为一丈多一尺；有四道闸门用若干板，百姓用若干工，过了一月就宣告竣工。如果不是吕君热爱工作，泾县百姓尽力完成任务，否则就达不到这样的功效。在这时候原先渗漏的地方填补了，腐烂的地方改变了，淤积的泥土现今疏通了。于是又规定那引流渠水的时间，时间长短有规定的标准，不能超过片刻。一切按照这种制度，则农民没有争水的思想，田野也没有耽误灌溉的土地。这些事发生在我管理的范围，都是我所能够知道的事情。父老乡亲把美好的事情交付给我，说：希望有个碑记。

唉！现今军队正环绕布置在边疆地区，百姓在家里发愁，国家所需要的是贡赋。贡赋不足，原因在于农业方面的政事得不到治理，农业方面的政事得不到治理，是由于水利事业不能兴修。有关部门只是守着所管的土地，强迫征收财物，却把治理农业作为迂腐的事、把从事水利事业作为闲散官职的，他们对于疏通河流、筑堤拦水这样的贡献当然也缺失而说不出吧？现今皇帝表扬崇尚实际学问，咨询访求经济人才，果真得到这方面人才，大破资格委任以司农、司空的重要职务；皇帝巡行全国，放宽汇报政绩的期限，向久远的历史追溯，继承前人遗留的业绩。专门修订蓄水、排水、清除水、公平用水的法度和兴修渠道池塘的命令，于是开创者的事业既能留传长久，同时继任的官员不至于埋没，这种功效利益所达到的地步，难道只是在一个地方兴隆数十年而已吗！我这个小小的下等官吏，不禁提笔就有了感慨啊！我把自己的感慨一同刻到碑石上，并非在于叙述自己的功绩，来附在倪宽、王琚等各位前辈的后面，而是姑且以这些话寄希望于后来管理这个地方的官员，能够观察并按时治理，知道自己首先要尽心的事情，那么我的思想就会显得高大了。

重修三白渠碑記碑

年代：清代中期（不详）

【碑文】 天地有自然之利焉，昧者罔覺，同於痴氓，有智者起而因導之，而一方之力源首闢。迨行之既久，不能無敝，有大力者屢以人事勝天工，而開闢之故道不湮。迨行之既久，又不能無敝，所貴守土者恪遵前人之令緒，用食膏澤於維均。斯閱三千年如一日也。秦不師古，廢井田開阡陌，而溝澮之制大壞。後之循吏，遂因勢川澤，引水溉田。如魏史起、蜀李冰、漢召信臣、杜詩〔一〕之流，民歌陸海，炳映史冊。尚矣。

關中故有涇水，自平涼界來，千有餘里，皆走高原，東底中山、嵕山，萬嶺環復，兩崖劃斷，河流湧出，勢若建瓴，並北山東注洛，三百餘里，斥鹵磽確，胥成神皋秀野，資給都會，益用富強，卒並諸侯。徒疲秦一時之力，竟造秦萬世之利哉！雖然，利之所在，害即隨之，當渠初鑿時，河與渠平，勢無齟齬，歲月衝擊，河身日垮，渠口日昂。乃起五縣徭役，伐石截木，入水置囤，十月引水，以嗣來歲入秋始罷。已復就役寒暑，晝夜督責不休。民至有上訴，願弛其利，以免劬累者。嗟乎！夫韓本欲疲秦於一時，不知後世疲更甚耶！抑踵事增華，一勞永逸之道，未之講耶？於是漢倪寬於鄭渠上流，開六輔渠。趙白公又於鄭渠上流，徙開渠口、尾入櫟陽注渭，名白渠。宋大觀中，又於白渠北鑿石渠，引涇水下於白渠會，名豐利渠。元至大間，王琚更於其上開石渠，下入故道，名王禦史新渠。明時渠又艱澀，巡撫襄毅項公，又於其北鑿新石渠，以通白渠故道，曰廣惠渠。

當廣惠渠之成也，就穀口上流，分涇入渠，合渠水深八尺餘，汪洋如河。後涇水從上奔瀉，石堰遏之，其怒愈甚，土石承委，不得不朒〔二〕，新石渠已迫山足，又高四五尺矣。涇不引，為之奈何？嗣後鑿石渠深入數丈，得泉源焉，瀵湧而出，四時不竭，如銀漢之落九天，而星海之泛重淵也。异哉！初本為溯涇，至此匪意竟另闢一涇了。不假夫涇，天造地設歟？人力歟？异哉。但見涓涓滔滔，正循鄭白故道，經洛諸邑之壤，殆無异乎涇焉者。原夫此源，從萬山滲漉而出，未經開鑿並歸涇，既經開鑿，單行渠，即謂之引涇水焉可也。由是流衍三十餘里，至成村斗下釃為三：曰大白、曰中白、曰南白。大白折而東注三原，中白折而南注高陵，而南白則利惟涇獨，此謂三渠口也。渠口分三限，限各立斗門，總為斗一百三十有五。凡水之行也，自上而下；水之用也，自下而上。溉下交上，庸次遞寢，歲有月，月有日，日有時，頃刻不容紊亂。水論度，度論準，準論徼，尺寸不得減增。彼邑之水，禁壅諸此邑；彼斗之水，禁取諸此斗。即斗內之地，禁畝寡之水，占畝多之水。遇霖潦則立退漕，而注諸涇；遇旱乾則合三邑而潤厥澤。

余蓋討古論今，溯源尋委，徘徊川上，而見古人心利賴一方之明德遠矣。顧良法美意，不得後起者恪守而整頓之，則利之滋弊也又劇。邇來實繁豪橫，肥己奪人，往往斗諸原嘩諸庭，甚有爭桑釁鄰、厪三邦會勘者〔三〕，豈相友相睦之道耶？壬辰仲春，高陵三原兩李公，與余爰有同心。莅止水濱，鳩僝〔四〕而揆度之，縮盈伸乏。績理無罅。凡斗堰廣狹，放水刻期，各邑人夫多寡，一如舊制。行見決溜成雨，荷鍤如雲，詬誶不形，怡然各得，百穀用登，公私不詘。池陽谷口之謠，復興今日。所稱萬世之利者，非耶！咸謀為石言垂之永久。會二侯俱以內擢去，余猶受任涇干，雖於本邑鳩鴻墾蕪，頗著成績，約計三百餘頃。而於三邑規劃，未之申飭，於有分土無分民之義為何？是留守者之責也。遂紀巔末梗概如此，俾後來知所考鏡而遵守焉。其禁約條項，則列諸碑陰。

【背景】　本碑文转引自民国高士蔼著《泾渠志稿·历代泾渠名人议论杂记》，原碑早已佚失，年代、作者不详。考碑文内容其时代当在清朝中期拒泾引泉之后，撰写者系一位泾阳县令。文中对引用泉水颇表惊喜，认为是另辟一径，是天造地设的异事。另外文中强调用水管理，反对豪横，反对肥己夺人，申明古人的良法美意必须由后继者恪守而整顿之。

【注释】

〔一〕『漢召信臣、杜詩』：召信臣，西汉人，元帝时任南阳太守，利用水泉，开通沟渎，并筑堤闸数十处，其中以钳庐陂最著名，溉田面积最广，并订立灌溉用水制度。被人们称之为召父。杜诗是东汉人，也官至南阳太守，创造水排（水力鼓风机），利用当地水利资源开展冶铁业和提供其他手工业廉价动力，促进了该地区经济发展，被人们歌颂为杜母。后世也常以召父杜母指代有惠政的地方官。

〔二〕『朒』：nu音女，缺失不完的意思。

〔三〕『厘三邦會勘者』：厘在此读勤（即古代的勤字），文中的意思是：人们常因为水利纠纷而到三县（泾阳、三原、高陵）衙打官司，官府不得不勤为会勘判断。

〔四〕『鳩僝』：僝（zhuan）同僝字，鳩僝的意思是在某一地方建立功业。语出《尚书·堯電》：『共工方鳩僝历』共工于所在之方，能立事业，聚见其功。

【译文】 世界上有大自然的便利，愚昧的人不能发现，相同于痴呆的人，有聪明人使用依据具体情况引导而加以利用。于是一个地方的能力资源首先开辟，只是运行的长久以后，不能无弊端，有伟大力量的人多次通过人的主观努力战胜大自然的力量，于开辟的旧道没有埋没。只是运行的长久以后，又不能没有弊端，可贵之处在于管理地方的人能恭敬谨慎地遵守前人伟大的事业，因此才有粮食均匀公平地给老百姓带来恩惠，这经历三千年如一日。秦代不效法古代，废除井田制度打开东西南北的田间道路，于是挖沟修渠的制度大为破坏。后代奉公守法的官吏，就依据河流湖泊的地势，引水灌溉农田。如魏国的史起，蜀国的李冰，汉代的召信臣和杜诗一类人，老百姓通过富有文采的文章来歌颂，光辉映照史册，很高尚啊。

关中本来就有泾河，从平凉府界来，长约一千余里，都在高原奔流，向东达到中山、嵕山，在众多山岭之间环绕往复，划断两边山崖，河流涌出，水势像高屋建瓴，同时穿过北山向东注入洛水，长约三百余里，使盐碱地和贫瘠的土地，全部变成肥沃的田野，供给都市，都市因此而日益变得富强，终于兼并了六国诸侯。虽然只是一时将秦国的力量变得疲惫，但却造就了秦国万世之功利啊！尽管这样，有功利的地方，祸害也就随之而来了。在渠道起初开凿的时候，河床与渠道相平，水流没有互相抵触，经历岁月冲击，河身一天天被冲垮降低，渠口一天天地抬高。于是征调五县的百姓服徭役，开采石头，截断树木，进入河水设置堤坝，十月引入渠水，接连施工到来年入秋才结束。接着又无论严寒盛暑征调役工，白天夜晚督促要求不停止。有的老百姓甚至向官府报告，愿意减少引水带来的功利以免除劳累的。唉！那韩国本想疲惫秦国于一时，不知道后世人被疲惫得更厉害啊！还是继续前人的事业使它更加发展。一劳永逸的办法，是不能实现的吧？于是汉代倪宽在郑渠上游开凿六辅渠。赵中大夫白公又在郑渠上游，迁移开凿渠口、使渠尾经过栎阳，注入渭河，起名叫白渠。宋代大观年间，又从白渠北方开凿石渠，引泾水下流和白渠会合，起名叫丰利渠。元代至大年间，王琚在丰利渠口的上游开凿石渠，往下流入原来的渠道，起名叫王御史新渠。明代的时候渠道又艰难不通畅，巡抚项忠（谥号襄毅），又在王御史新渠口的上游开凿新石渠，以连通白渠原来的渠道，起名叫广惠渠。

当广惠渠修成的时候，到谷口上游，分泾水进入渠道，聚合渠水深度八尺余，渠水如汪洋。后来泾水从上奔泻，石堰阻拦它，水势更加的凶猛，土石承重堆积，渠道不得不决口毁坏，新石渠已紧靠山脚，又高出四五尺。泾河水不能引进，对这种情况该怎么办呢？接着以后开凿石渠深入数丈，得到泉水源流，喷涌而出，四季不枯竭，好像银河从九天落下，并在星海游泳深渊。奇怪啊！起初本来是为上溯泾河，到这里意想不到竟然另外开辟一条泾河了。不借助那泾河了，这真是天造地设的吗？还是人的主观努力呢？奇怪啊。但见涓涓滔滔，正沿着郑白渠旧道，经过洛水各县的土地，基本和泾河水没有不同啊。推究这种源流，从万山中渗漏过滤而出，未经开凿时一并流归泾河，经过开凿以后，单独进入渠道，这可以说就是引泾水了。从这里流动延长有三十余里，到成村斗往下分流成为三条支渠：名叫大白渠、中白渠、南白渠。大白渠曲折而向东注入三原，中白渠曲折而向南注入高陵，而南白渠的效益则被泾阳县独占，这地方就叫三渠口。渠口分三个闸，闸各立斗门，总设立斗门一百三十五个。凡渠水之流行，自上而下；渠水的使用，自下而上。灌溉下游后交给上游，按顺序轮留替代。每年有定月，定月有定日，定日有定时，顷刻不容紊乱。放水规定度量，度量符合标准，依据标准计算流量，流量尺寸不得随意减少或增加。属于那个县的水，禁止壅堵在这个县；那个斗的水，禁止从这个斗取得。就是斗内之土地，也要禁止田亩少的水，占用田亩多的水。遇到雨水久下不停时，就立刻退入河道，注入泾河；遇干旱则聚合三县人力为渠道增加水源。

我是在讨论古今，寻求问题的原因与结果，即事情的本末。我徘徊于泾河边上，就看到古代人心中的功利依赖一个地方的美好品德是由来久远。回顾良好的办法美好的意愿，不能得到后来出现的官员恭敬遵守并且加以整顿，那么功利就会滋生，弊端也会更严重。近来实际有很多豪强，肥己夺人，处处在原野打架在庭堂吵闹，甚至有的互不相让，和邻县群众挑起争端，勤于请三县官员会同勘察断案的。这难道符合相互友爱、相互和睦的道德规范吗？壬辰年仲春二月，高陵县、三原县两位李知县，和我正有同样的想法。我们一同到达并停留在泾水边，我们估量这个地方，能合力建立事业，促进成功的。我们一致同意，调节用水，多余的支持用水缺乏的。并且使法理缜密没有漏洞，凡斗堰宽窄，很湍急，放水时刻期限，各县民工多寡，完全依照旧有制度。不久，见到渠道闸口的水流像下雨一样公家私多人扛着铁锸观看，没有出现辱骂现象，人们都很愉快，各自满意，各种粮食作物因此丰收，大家人都不缺乏。池阳谷口的歌谣，在今日得以重新产生。这就是所称的万世的功利，难道不是吗！岸边，都商议刻碑石，说要留传到永久。恰逢二位知县都因为在任内升职离去，我仍然奉命守在泾河斥尽管在本县集合百姓开垦荒田，确实显示出成绩，约计三百余顷，而且对于三县规划，上级也没有梗责，对于有『分土地不分百姓』之意义是什么呢？这是留守官员的责任啊。于是记载事情本末事件概像这样，等后来官员知道参证借鉴而遵守。那些禁令约定分条分项，就罗列刻于碑石的背面。

龍洞渠鐵眼斗用水告示碑

撰文並書丹：唐仲冕

年代：清嘉慶二十四年（公元一八一九年）

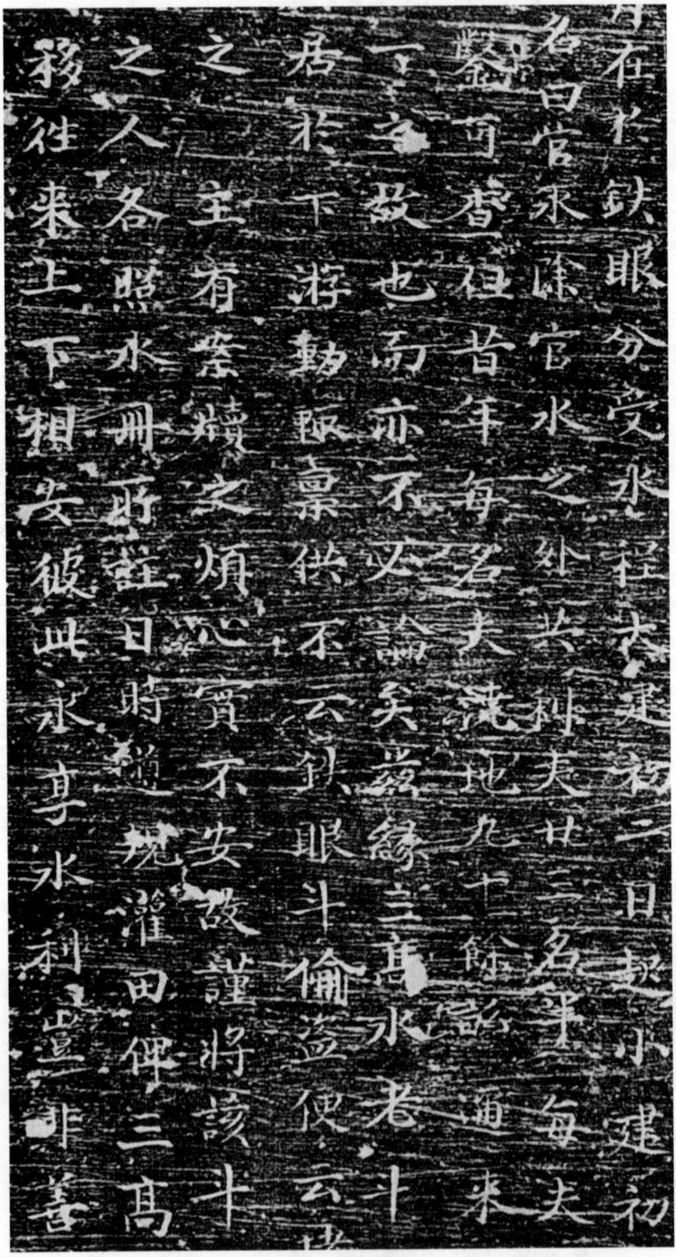
有在於鉄眼分受水程式建初二日換小建初
名曰官泉渠官水之外共料夫廿三名每夫
鑿可香程昔年每名夫澆地九十餘畝通來
一亍故也而亦不必論矣茲緣三髙水老十
居於下游勤懇禀供不云鉄眼斗偷盜使云
之主有窒礙之煩心實不安故謹將該斗
之人各照水冊所註日時遵規灌田俾三髙
移往来上下相安彼此永享水利豈非善

碑文局部

【碑文】　嘗聞龍洞渠創自秦代，發源於涇邑之洪口，灌溉涇、三、高、醴四縣民田。涇邑之渠原分上、中、下[一]，上渠一十八斗，中渠十斗，下渠一十五斗。其渠道系屬一條鞭[二]，用水之章程自下而上[三]。

其中渠十斗之中，有成村鐵眼斗，亦嘗聞之前人云由來已久。該斗口系生鐵鑄眼，周圍砌石，上覆千鈞石閘。每月在於鐵眼內分受水程[四]，大建初二日起，小建初三起，十九日寅時四刻止；每月初五、初十、十五日三晝夜長流入縣，過堂游泮[五]，以資溉用，名曰官水。除官水之外，共利夫廿三名半，每夫一名，額澆地九十一畝九分四厘奇，共額澆地廿一頃六十畝六分三厘。載在《水册》[六]，存在工房[七]，確鑿可查。但昔年每名夫澆地九十餘畝，邇來去斗近者只可澆地三四十畝，離斗遥遠者僅能澆地二三十畝而已。此渠水今昔大小不一之故也，而亦不必論矣。

只緣三、高水老、斗門[八]不諳鐵眼斗每歲正賦輸納廿一頃餘畝之水糧；修渠當堰，支應廿一頃餘畝之差徭。从其居於下游，動輒稟供，不云鐵眼斗偷盗，便云堵截。以致三、高、涇縣主關移[九]往來，不勝浩繁。余斗之利夫人等再三思，維民享水利，三邑之主有案牘之繁，心實不安。故謹將該斗使水起止日期、利夫名數、溉地畝數以及三、高水老、斗門稟過情由，逐一刊刻，以示余斗後之人，各照《水册》所注目時遵規灌田，俾三、高水老、斗門知此鐵眼斗系朝廷所設，并非私自擅立，以杜訟端，以免三邑之主關移往來。上下相安，彼此永享水利。豈非善後之舉？因此豎碑以垂永久云爾。

計開：

乾隆五十三年七月十三日，三原縣鄭白渠五斗斗門、水老馬俊等，在於原主案下稟稱，伊縣水程不能抵原，查至涇陽縣北，水向南流，系鐵眼斗偷盜。等因。蒙原主關查，經成村斗斗門楊世賢以據實稟明事，稟至縣。案：是年七月廿六日蒙准關覆，内開：『玆於乾隆六年《四縣受水日期、夫名印册》内細查涇陽縣中渠成村斗，每月在鐵眼内分受水程，大建初二日起，小建初三日起，十九日寅時四刻止；共利夫廿三名半，共受水地二十餘頃。并非偷盜。』等因結案。（本縣工一房有卷）

乾隆六十年六月十三日，蒙高陵縣主以『據供關查』等事，内開：據水老孫太斌、左九思同供『鐵眼斗將一半水盜去。』等因。經成村鐵眼斗斗門慶文有以遵票稟明等事，稟至縣。案：是年六月十八日蒙准關覆，内開：『鐵眼斗由來已久，并未盜水。』等因結案。（本縣工二房有卷）

嘉慶廿四年六月十二日，蒙高陵縣主以『移查飭禁』等事，内開：高陵縣高望渠馬應斗稟稱：『六月初一日巳時，在於王屋一斗將水放過，不料流至涇陽縣北鐵眼斗，眼大五寸餘，將水堵截』等因。經成村鐵眼斗利夫楊歧靈，於七月初三日以遵票稟悉等事，稟至縣主案下。蒙准移覆，内開：『鐵眼斗從無滲漏，亦無堵截』等因結案。（本縣工一房有卷）

右刊此歷年卷宗，冀於余斗利夫人等各悉三、高之水程所關重大也！

嘉慶廿四年冬月吉日　本斗利夫：

舉人怡文煒　李蒂堅　張鈺　楊岐靈　怡文珩

生員怡文熙　怡文煥　楊高壽　楊先春　楊世賢　楊高望　楊岐英

貢生怡文焯　監生胡顯鳳　怡望周　申乃修　楊清蕙　怡文杰　孟思明　仝立

【背景】　本碑原发现于泾惠渠原北干渠庆家桥附近（今泾阳县汉堤洞村西北渠旁），乃清龙洞渠干渠上的原成村铁眼斗位置之处。原碑无碑题，碑名系编者根据碑文内容所加。

碑文重点申明清代龙洞渠的用水制度，并揭示了在用水管理中上、下游之间的矛盾和知县官裁处用水纠纷事情。另外，关于水费的征收，在清代是附于正赋（农业税）之内的，民间称之为『水粮』，以与正赋皇粮相区别。

清龙洞渠全渠共一百零五斗，成村斗是一条特殊的斗渠。该斗斗门结构也很特殊，以生铁铸眼，外砌以巨石，坚固耐用，称为铁眼斗。此时全渠用水采取以月为周期的上下游按斗轮灌制，即所谓『一条鞭』制度。一般斗渠每月只能享受一天或几个时辰的用水权，称之为水程，唯独成村斗水程多达十六天之久，其中有三天输送泾阳县城且直通县署和文庙，供居民、商户和官府生活用水。

【注释】

〔一〕『邑之渠原分上、中、下』：泾阳县人习惯上把该县的灌区按位置之上、中、下游分为三大段：上渠指由今王桥镇的王屋一斗起至桥底镇的何氏二斗止，共十八斗；中渠指由燕王乡刘解村之七劫斗至雪河乡三限闸附近的白功斗，共十斗（成村斗在内）；下渠指三限闸以下，南白渠五斗，北白渠五斗，中白渠五斗（道光后期增至七斗），共十五斗。

〔二〕『一條鞭』：『一條鞭』原是明朝万历年宰相张居正所创立的田赋征收制度的专有名词，清代继承这一制度。是把田赋和各种杂款、徭役、力差、里甲等各种征收编合为一，以通计一省的赋税和差徭，含有统一管理的意思。此处所谓『一條鞭』意为全渠系上下统一制度，并非各自为政。

〔三〕『用水之章程自下而上』：古泾渠用水制度，一直采取先下游，后上游，从次递用方式。自汉唐直到民国皆同。

〔四〕『水程』：原意为用水规程或程序，这种程序有斗與斗之间的次第和各用水户之间的次第。

后来民间把『水程』一词渐认作是某一渠或某一户应享有的用水权和用水时间。

（五）『過堂游泮』：成村斗斗渠穿泾阳县城，并流泾县衙署院和文庙的泮池。

（六）『水册』：白渠自唐代起用水管理逐步完备，全渠系编有《水册》，开列干、支、斗渠名称、位置、面积、轮灌日程等。各斗渠也各备有《水册》，开列斗内各利夫的姓名、土地面积、轮灌时辰等，由斗长掌握，作为用水管理的依据。

（七）『存在工房』：古代县衙内有六房之设，即吏、户、礼、兵、刑、工各房，分别办理各类业务。工房管理城建、交通、水利等。文中的意思是说有关斗渠的档案资料都保存在于县衙工房内，可以查阅。后文还记有『工一房』、『工二房』字样，是因业务量增大而分二室办理。

（八）『水老、斗門』：水老指某一渠段的负责人；斗门指斗长（斗渠长），或系清代对斗吏、斗史、斗门子名称的变换。

（九）『關移』：指『关移』和『移文』，都是古代公文的名称。是官府之间互相通报情况的平行文书。后文记到的关覆，就是对关文的回覆；关查就是通报情况，请对方审查之文。又后文记到的移查饬禁就是移文对方，请查禁某事的意思。

【译文】 据说龙洞渠自秦代创建，发源于泾阳县的洪口，灌溉泾阳、三原、高陵、礼泉四县百姓田地。泾阳县的渠原来分为上、中、下三渠，上渠一十八斗，中渠十斗，下渠一十五斗。那渠道是属于一条鞭法即上下游统一管理制度，用水的章程自下而上。

那中渠十斗之中，有成村铁眼斗，也曾经从前人那里听说由来已久。这斗口是用生铁铸眼，周围砌石，上面覆盖着千钧石闸。每月在于铁眼内分别享受用水权益。农历三十天的月份初二开始，农历二十九天的月份初三开始，到十九日寅时四刻停止；每月初五、初十、十五日三昼夜长流入县城，经过县衙流入文庙。用来供给县城居民的灌溉和生活用水，名叫官水。除官水之外，共有利夫廿三名半，每夫一名，额定浇地九十一亩九分四厘多，共额定浇地廿一顷六十亩六分三厘。记载在《水册》，存放在县衙工房，确凿可以查考。但是从前每名夫浇地九十余亩，近来距离斗近的只可浇地三四十亩，距离斗遥远的仅能浇地二三十亩而已。这是渠水现今和从前大小不一的缘故，但也不必再追究了。

只因为三原、高陵的水老、斗门长不熟悉铁眼斗每年在国家正式赋税中交纳廿一顷余亩田地的用水税粮；在修渠筑砖时，动用廿一顷余亩田地应出的徭役民工。但是从那些居于下游的人，动不动就禀报官府，不说铁眼斗偷盗，就说铁眼斗堵截。以致三原、高陵、泾阳县三原县公文移送往来，繁多的不能承受。我们铁眼斗的利夫人等再三考虑，因为百姓享受水利，却给三县的主官带来发送公文之累，我们心里实在不安。所以恭敬地把该铁眼斗使水起止日期、利夫名数、溉地亩数以及三原、高陵水老、斗门长禀报经过的原因与结果等具体情况，逐一刻在碑石上，来指示我们铁眼斗后来管理的人，各自依照《水册》所注明的时间遵守规定浇灌田地；使三原、高陵的水老、斗门长知道这铁眼斗是朝廷所设置，并非私自擅立，以杜绝诉讼争端，来避免三原、高陵、泾阳三县主官的公文移送往来。上下相安，大家彼此永享水利。难道这不是善后的措施吗？因此竖碑以留传永久。

计开：

乾隆五十三年七月十三日，三原县郑白渠五斗斗门长、水老马俊等人，在向三原县知县报告的公文中说，他们县应得的水利流量时间不能抵达三原，调查到泾阳县北部，水向南流，属于铁眼斗偷盗等等原因。承蒙三原县知县移送调查，经过成村斗斗门长杨世贤来根据实际禀明事情，禀报到泾阳县。据查：这一年七月廿六日承蒙批准移送公文答复，里面开列如下内容：『现于乾隆六年《四县受水日期、夫名印册》内细查泾阳县中渠成村斗，每月在铁眼内分受水程，大建初二日开始，小建初三日开始，十九日寅时四刻停止；共利夫廿三名半，共受水地二十余顷。并非偷盗。』等情况处理完结案卷。

（本县衙工一房存有案卷）

乾隆六十年六月十三日，承蒙高陵县知县以『据此以供移送公文调查』等事，里面开列：据水老孙太斌、左九思共同报告『铁眼斗将一半水盗去。』等等原因。经成村铁眼斗斗门长庆文有以遵照传票禀明等事由，禀报到县衙。据查：这一年六月十八日承蒙批准移送公文答复，里面开列：『铁眼斗由来已久，并未盗水。』等原因处理完结案卷。（本县衙工二房存有案卷）

嘉庆廿四年六月十二日，蒙高陵县知县以『移送公文请查处饬令禁止』等事由，里面开列：高陵县高望渠马应斗禀报说：『六月初一日巳时，在于王屋一斗将水放过，不料流至泾阳县北铁眼斗，眼大五寸余，将水堵截』等原因。经成村铁眼斗利夫杨歧灵，于七月初三以遵照传票禀报知悉等事由，向本县知县禀报。承蒙批准移送公文答复，里面开列：『铁眼斗从无渗漏，亦无堵截』等原因处理完结案卷。（本县衙工一房存有案卷）

上面刻这历年卷宗，希望让我们斗利夫人等各知悉三原、高陵水利权益（流量与时间）所关重大呀！

重修龍洞渠記碑

撰文並书丹：唐仲冕

年代：清道光二年（公元一八二二年）

【碑文】 道光紀元歲辛巳秋九月，大中丞靖江朱公，以涇陽龍洞渠為涇陽、高陵、三原、禮泉水利，歲久堤壞，涇入沙壅閼，無以溉田，請借帑修治。選能者洛川令田鈞為植，涇陽令恒亮司財，用鄜州牧鄂山董其役。奏奉諭旨，即於是月興工，明年閏三月竣事，開閘試水。流大暢行。當書庸入告矣，餘職旬宣[一]，爰勒石以紀成績。其詞曰：

在昔鄭國，鑿涇水自仲山西邸瓠口為渠，并北山東注洛；白公於其上游引渠，東南行入渭，溉民田者皆數千萬頃，厥利溥民。唐世除碾磑，決支渠，開六門堰[二]，歲收秔稌三百萬石。宋時自仲山鑿高處瀉水，修三白渠，植木格石，為豐利渠。元鑿山為新渠，今稱王御史口，龍山之泉出焉。明項忠穿山為鐵洞，曰廣惠渠。蕭翀又鑿山為直渠，接王御史口下，為通濟渠。

蓋自宋以來，涇下渠昂，鄭跡久湮；泥壅流塞，白工亦廢。涇之利轉為害矣！元、明疏泉以行淤，如篩珠、碧玉、鳴琴諸泉匯為天滂池[三]，迨餘子俊鑿龍眼泉，其顛浚巨井，龍洞之名昉焉。我朝雍正初年，總制岳公(四)為官，高水堤、石堤、土堤各數十丈。故相查公(五)以涇夏漲，敗渠害苗，就退水槽建閘啟閉；置通判山南(六)，司其事。蓋自龍洞渠興，今人不復思鄭白也。

乾隆二年，以學士世臣(七)言增堤作壩、屏龍洞渠北口遏毋令壅渠，疏渠二千五百六十丈有奇，溉四縣田七萬四千餘畝；豫籌歲修之貲，設水夫三十人，給廩食，於每歲秋杪修之補之，俾勿壞。於是人知泥濁易壅，非惟弗引，且嚴捍之！泉性宜稼，非惟弗漏，且博変(八)之。

近歲值涇暴漲，兩山夾峙，水高數丈，往往漫渠；漲挾沙石，衝擊堤堰亦頽。然吏民輒率錢補葺，不煩公帑，至是連山石岸傾入流，渠泉橫瀉而又下注，淤澱為陸。凡石堤壞者七十餘丈，土堤二千二百餘丈。慮功計值當二萬一千兩有奇，民力未能辦，慭置(九)之矣。

鄜州牧今遷西安守鄂君山，親履阡陌，謂渠何可廢！勸民籲借帑金二萬兩，分五年均於受水之田征賞。及工興而夫徒趨赴，克期集事。西安守今遷鞏秦階道劉君斯嵋，周覽具報：自三龍眼(十)以下，石條排比，以鐵餅嵌合、條以鐵柱貫之上(十一)，堤如式不愆於素(十二)；惟天澇池性易裂難固，乃依山鑿偃月新渠，深四丈長五丈之，上橫石梁，兩旁迤邐壘石，攔水入渠，又獲二新泉瀵湧，與篩珠泉埒；又於故堤未壞者，距新堤二丈許，以土石闐平為保障。自是捍涇極堅，搜泉彌廣，實田大令本謀也。

當始事時，渠幾廢，經鄂太守反復開諭而後從；及鑿新渠，沮者同聲，田大令毅然行之。工既訖功，翕然稱便。倘所謂『可與樂成、難與慮始』者耶？

先是通判，改設縣丞，今即付以善後所宜，考其殿最。是役也，田大令專之，恒大令往來左右之，劉觀察、鄂太守鼓舞而成之。故能蒇（十三）數月之功而垂百世之利。君子是以知中丞公舉人之周也，與人之一也。余樂得詳記之，以詒後之人。

道光二年歲在壬午夏六月癸卯朔越六日戊申賜進士第通奉大夫陜西布政使司布政使長沙唐仲冕纂並書

【碑陰跋文】　關中水利，鄭白渠為稱首，所謂『涇水一石，其泥數鬥；且溉且糞，長我禾黍』，豈意數千年後，涇複為渠患乎！此舉由中丞能用田大令而有成勞，輿人誦之。余適履任，宜為之計功稱伐也。然余竊疑泉之為利必不及涇之大。涇之泥何以昔溉而今壅？倘鄭白再來，未為不可複秦、漢之舊。因憶前在吳中，人多言吳淞不可疏，自夏忠靖已專意瀏河矣，及疏江事成，衆論始服。特患善後有法無人耳。或者涇河亦猶是乎？此碑已勒渠首，複書一通，並錄《吳淞江碑》置之碑林以寓意。文與書法不足論也。

仲冕跋　頻陽　仇文發鐫

【背景】 广惠渠至清乾隆二年（公元一七三七年）开始拒泾引泉；同时整修石堤和防洪设施。至嘉庆末到道光初的几年内，接连发生特大汛情，工程毁损严重。由泾阳县报告陕西巡抚后筹办修复。抚院委鄜州知州鄂山负责全部事宜，鄂山踏勘后，提出预借公帑、分期五年由受益面积内筹提偿还的办法。

本次大修工期不详。在渠首段的项目主要有：一、三龙眼以下（今一号隧洞口以下）重建渠堤、系以石条排比料石浆砌，又以铁饼嵌合、条以铁柱纵向铁筋拉合，极为坚固；二、筑天涝池集水堰，即所谓偃月新渠（半圆形堰，聚泉水流入渠道），以加大渠水流量；三、将未毁堤防补修加固，从外侧培厚。

本次石渠渠堤工程卓有成效，自此后直到清末民初一直稳定，以后光绪年间虽有洪水漫堤使渠道淤塞，但终未破堤。

本碑现存于西安市碑林博物馆。碑文的撰写和书法均出自当时陕西布政使唐仲冕之手。

【注释】

〔一〕『旬宣』：遍巡各地，宣布德教。语出《诗经·大雅·江汉》：『王命如虎，来旬来宣』。

『旬』含有巡视周遍的意思。碑文作者身居承宣布政使的官职，故自称余职旬宣。

〔二〕『六門堰』：或称洪门、洪堰等等。据古代史志记载，唐代白渠首设有大型控制建筑物，但记载文字不详，现遗迹已不存。

〔三〕『天滂池』：泉水名。位置在火烧桥下。

〔四〕『總制岳公』：雍正五年川陕总督岳钟琪。岳在任时下令疏渠并增高渠首石堤。

〔五〕『故相查公』：雍正七年史部尚书兼川陕总督查郎阿（满族）。在任时建渠首各闸门，并指令设西安府水利通判管理泾渠事务。

〔六〕『置通判山南』：山南指泾渠首所在地的仲山之南，通判山南乃是设置水利通判的文雅之词。

〔七〕『學士世臣』：按蒋湘南着《后泾渠志》记载：『翰林侍读学士世臣言……』学士发表建议是在乾隆初年，当系雍正朝的旧臣。世臣不是某一人名，可能是指当时翰林院一部分官员，他们根据史书和地方传闻，向乾隆皇帝建议绝泾水，专收诸泉，以免劳民伤财。这个建议被采纳，乃由陕西巡抚张楷执行『拒泾引泉』。

〔八〕『叜』：读搜，义亦同。

〔九〕『憖置』：读印，宁、愿，文中意为宁可置之不顾了。

〔十〕『龍眼』：广惠渠开凿隧洞时，因施工需要，沿洞走向开有若干侧孔，以采光、定向和多段作业，工后保留的大孔被称作龙眼。

〔十一〕『條以鐵柱貫之上』：古渠堤石工建筑工艺之一，将料石预先打眼，堆砌时上下石块之眼接通，灌以熔铁，凝固后便成铁柱，以加强整体性。

〔十二〕『堤如式不愆於素』：愆含有超过的意思，文意为堤的外状规模与旧堤相同。

〔十三〕『蕆』：读产（chan），完成。

【译文】　道光纪元（公元一八二一年）岁辛巳秋九月，大中丞朱公靖江，因为泾阳龙洞渠是涉及泾阳、高陵、三原、礼泉的重要水利设施，年久堤坏，泥沙壅堵淤积，无法灌溉田地，请求借用国库钱币维修治理。他挑选能干的人洛川县令田钧主持这件事，泾阳县令恒亮管理财务，任用鄜州牧鄂山监督管理这项工程。上奏奉圣旨，立即在这一月开工，第二年闰三月竣工，开闸试水。流量大通行顺畅。这是应该上报朝廷的大功一件，余任职陕西布政使，于是应该刻碑石来表彰他们的功绩。文辞如下：

在从前郑国，开凿仲山西边到瓠口引泾水修成渠道，并向北沿着山向东注入洛水；白公在郑国渠口的上游引水，向东南通行进入渭河，灌溉民田总计有数千万顷，这些工程惠及普通百姓。唐代清除富商大户设置的水磨，开挖支渠，开通六门堰，每年收粳稻与糯稻三百万石。宋代时候自仲山引高处泻流河水，修三白渠，种植树木堆砌石块，成为丰利渠。元代凿山为新渠，今称王御史口，龙山的泉水从这里涌出。明项忠穿凿山洞为铁洞引水，名叫广惠渠。萧翀又凿山为直渠，连接王御史口下面，成为通济渠。

自从宋代以来，泾河河床下降致使渠道高昂，郑国渠的遗迹湮埋已久；泥沙壅堵渠流堵塞，白公渠也废弃了。泾水之利反而转为祸害了！元代、明代疏通泉流来清除淤积，如筛珠、碧玉、鸣琴各泉水汇聚为天涝池，等到余子俊开凿龙眼泉，那真像颠倒疏通了巨大的水井，龙洞之名字就是由此而来。我们大清朝雍正初年，陕甘总督岳钟琪公做官，抬高水堤、石堤、土堤各数十丈。原丞相查郎阿公因为泾河夏季涨水，毁坏渠道祸害禾苗，靠近退水槽处建闸开启关闭控制水流；设置西安府水利通判，管理引泾事务。是从龙洞渠兴建后，现今人不再想念郑白渠了。

乾隆二年，按照学士世臣建议，增加渠堤建立拦水堰、阻拦龙洞渠北口，阻遏泾河水，不让壅堵渠道，疏通渠道二千五百六十丈还有零头，灌溉四县田七万四千余亩；豫筹每年修的费用，设置专业渠工三十人，发给国库粮食，在每年秋季末维修弥补，使渠不损坏。在这时人们了解河水泥沙混浊容易壅塞渠道，不仅不能引进，还要全力阻挡它！泉水性暖适宜庄稼，不仅不能遗漏，而且要广泛搜求。

近年值泾河暴涨，两山夹峙，河水高数丈，往往溢漫渠道；涨溢的河水挟带沙石，冲击渠堤，拦水堰也倒塌。但是官吏百姓总是出钱补漏敷实，不烦劳动国家钱财，到这时候连接山边的石渠岸倾倒入泾河，渠水泉水四处泻流并且又往下灌注，渠道淤积沉淀成为陆地。共计石堤毁坏的七十余丈，土堤二千二百余丈。考虑功程造价计值相当于白银二万一千两有零头，百姓的力量不能办理，宁可置之不顾了。

鄜州知府现今迁任西安知府鄂山君，亲到这田间勘察，说渠道怎么能报费呢？劝说百姓呼吁借用国库钱币白银二万两，分五年均摊于蒙受渠水灌溉的田亩中征收偿还。到工程开始，于是工匠积极参加，严格按工期完成任务。西安知府现今升迁『巩秦阶道』刘君斯嵋，详细阅读具体上报：自三龙眼以下，石条排比，以铁拼嵌合石条，石条用铁柱熔铸贯通上面。渠堤按照标准外貌形状和过去一样。只有天涝池石性易裂难以牢固，就依山开凿偃月新渠，深四丈长五丈，这上面横石梁，两旁连绵不断地垒石，拦水入渠，又获得二个新泉喷涌，和筛珠泉均等；又在旧堤未坏的地主，距离新堤二丈多，用土石垫平作为保障。从此抵御泾河极其坚固，搜求泉流更广泛，实际是田知具本末的计谋啊。

在开始工程的时候，渠道几乎报废，经过鄂山知府反复开导然后大家听从了；到开凿新渠，消极的人异口同声地反对，田知县毅然施行。工程完工以后，又一致称赞便利。难道这就是所说的『可以享受决策的成果，难与一起开始谋划』的名言吗？

在这以前水利通判改设为管水的县丞，现今就付以善后所适宜的任务，考查其优劣先后。这个工程，田知县专门负责，恒知县往来协助他，刘观察、鄂知府鼓动而促成。所以能完成数月之功效而留传百世的功利。有学问的人因此知道中丞公举荐人才全面周到，信任人才始终如一呀。我乐得详细记载，来传给后代的人。

【碑阴跋译文】

关中水利，郑白渠第一。所谓『泾河水一石，其中泥沙数斗；一边浇水一边施肥，成长我们的庄稼』，怎料到数千年后，泾河水又成为渠道的祸患呢！这次行动由于中丞能任用田知县才有这么好的效果，得到人们的称颂。余恰恰上任，适宜『为他们计算和称颂功绩。』但我私自怀疑泉水的效益一定不及泾水大。泾河的泥沙为什么从前能灌溉而现今壅堵？如果郑国白公再回来，未必不能恢复秦代、汉代的旧貌。于是我回忆从前在江苏，人们很多说吴淞江不可疏通，自从夏忠靖公专心致志疏清河流，等到疏通吴淞江事成功，众人议论始佩服。只是害怕善后有方法没有人才。或者泾渠事务也像是这样吧？这碑石已刻立渠首，又写一篇，并录《吴淞江碑》置之碑林以存留我的意思。

文章与书法不值得提。

龍洞渠記碑

撰文：魏光壽

年代：清光緒二十五年（公元一八九九年）

丹凤朝阳碑头

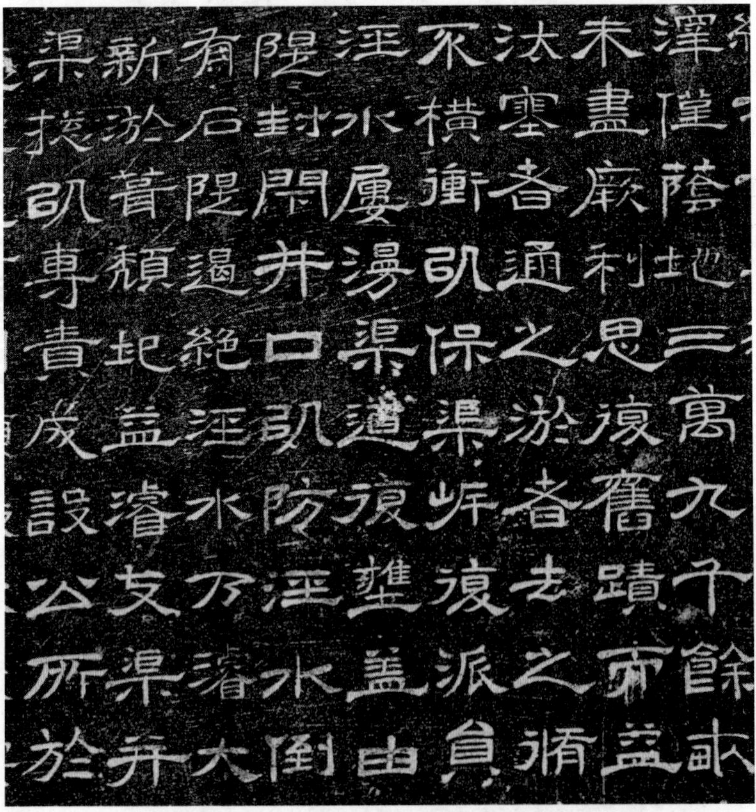

碑文局部

【碑文】 關中水利以鄭國渠為最古，漢時於鄭渠南穿白渠，晉唐迄今，均循其故道，在宋曰豐利，元曰王御史，明曰廣惠，雖因時制宜，經營不同，其利民一也。國朝康熙、乾隆、道光間，疊因時修葺；而龍洞之名，則昉於雍正中總督查公（一）。蓋歷代之渠，皆引涇水，至公乃鑿仲山，引龍洞泉東會篩珠等泉入渠，不復引涇，故易今名。同治中袁文誠（二）欲復引涇之制，而涇水暴發，功不果就。然龍洞亦時有淤塞之患。

光緒六、七年經馮展雲中丞動帑興修，十一年復飭涂令官俊（三）就地籌款疏浚，而水力不廣，惟涇、三、禮三縣得受其澤，僅蔭地三萬九千餘畝，高陵則無復有灌溉之利。丙申，予奉命來撫是邦，習知此渠未盡厥利，思復舊績而益民生也。商之李鄉垣方伯（四），籌提庫帑，得請於朝。乃分檄各營，并力挑汰，塞者通之，淤者去之。修復截渡山水各石橋，以防沙石；開张家山大龍王廟後等處新土渠三道，截取山水，使不横冲，以保渠岸。復派員督集民夫，分修涇、原、高、禮四縣民渠，以廣利導。

工將竣而大雨，自六月至於十月不止，涇水屢漫，渠道復壅——蓋由原修之瓊珠、倒流二石堤低下；而中渠井（五）逼近涇水，井口空虛，泥沙易入。乃命加高二堤；封閉井口，以防涇水倒灌。又勘明大、二、三龍眼內有石渠，上有流泉，即明廣惠渠引涇入渠舊道；四龍眼內舊有石堤，遏絕涇水。乃浚大、二、三龍眼，以出長流之泉，而益固四龍眼之堤。復修石囤，收鳴玉泉入渠，以益水源。除新淤、葺頹圮，益浚支渠并復高陵廢渠，拮據經營，事以粗集，增溉地十萬畝。乃就地長籌經費，以資歲修；立各縣渠總，以專責成；設公所於社樹海角寺，以便會議；酌定章程，以垂久遠。每年夏秋，由涇陽水利縣丞會率涇陽渠總，就近督同額設水夫，按月三旬，勤刈渠中水草；九月之望，各縣渠總〔六〕會集公所，勘驗渠道及各渡水石橋、截水土渠。遇有微工，隨時修理，只許動用息銀；工程較大，則先行核實估計，稟候批准，酌提存本，工竣造報。蓋予為渠計長久者如此。後之君子，誠能倡率地方，益籌經費，俾非有大工不再動用國帑；稽查現章，俾勿廢墜，更因時補救廣所未及。使渠之利被諸萬民，貽諸後世，是則予之厚望也。

是役始於戊戌三月，竣於己亥春莫，共用公帑四千九百九十餘兩。首其事者為嚴道金清，董其成者為賀丞培芳，督其工者為譚總兵其詳、龔參將炳奎、劉參將琦、簫游擊世禧。時任涇陽者則張令鳳岐，三原則歐令炳琳，高陵則徐令錫獻，禮泉則張令樹谷。始終襄其事者則於紳天錫。予既嘉在工者相與有成。復記其事於石，以諗後之官斯土者。

□□兵部侍郎兼都察院右副都御史總理各國事務大臣　陝西巡撫部院　西林巴圖魯邵陽　魏光壽撰

清光緒二十五年己亥仲春夏月日立石

【背景】 本碑原立于泾阳县社树村海角寺内龙洞渠管理公所，后寺毁公所迁，而此碑幸存。碑文记载了清朝于一八九八年由巡抚大员主持的一次渠道大修工程。曾动用国帑及陕西驻军修渠，竣工后设立公所管理。并制订章程且拟筹集公款存贮盛息，以息银资给岁修，存本则备作大型修葺之用。

【注释】

〔一〕『龍洞之名，則昉于雍正中總督查公』：碑文作者认为龙洞渠名称昉于（开始于）雍正年间的查郎阿浚渠工程，其实此时尚未拒泾引泉，仍称为广惠渠。查郎阿浚渠注意到利用泉水，作者自以为这是发端。

〔二〕『袁文誠』：即同治年间在泾阳一带屯田的将军领户部尚书袁保恒。袁曾计划在渠首凿新渠恢复引泾，但归失败。

〔三〕『涂令官俊』：光绪初期的泾阳县令涂官浚。在任时颇有政声，修筑各书院，整理街市；也曾认真浚修过管道。宣统《泾阳县志》有载。

〔四〕『方伯』：省布政司使的别称，也称藩台，主管一省的财政民政和吏治。

〔五〕『中渠井』：在大龙山隧洞（今渠首二号隧洞）的出口附近，石渠右岸曾凿有排沙水道一孔，渠中清除泥沙由此排入泾河，旧称为中渠井。此段堤岸距河道主槽仅一、二十米，井口设施不严，大汛时河水常可由次倒流入渠。

〔六〕『渠總』：工程结束后拟设立渠总，乃是在民间遴选管理某支渠或某渠段的领头人。但查民国的龙洞渠资料并无渠总的有关记载，可见此一拟议未能实现。

【译文】关中的水利设施，以郑国渠最为古老，汉代在郑国渠南穿凿白公渠，晋唐到现今，都沿用那旧道，在宋代名叫丰利渠，元代名叫王御史渠，明代名叫广惠渠，尽管接照时代变化采取相适宜的办法，经营的措施不同，那在为民谋利这方面是一致的。我们清朝康熙、乾隆、道光年间，连续按时修葺；而龙洞渠之名字，则起始于雍正年间总督查郎阿公。这是因为历代的渠道，都引入泾河水，到查郎阿公才开凿仲山，引进龙洞泉东汇集筛珠等泉水进入渠道，不再引进泾河水，所以改用现在的名字。同治年间袁文诚将军想再实行引泾河水的办法，但泾河水暴发，工程不能完成。而且龙洞渠也有时出现淤积堵塞的祸患。

光绪六、七年（公元一八八〇、一八八一年），经冯展云中丞动用国库钱币兴修，光绪十一年（公元一八八五年）又命令泾阳县知县涂官俊知县。就地筹集钱款疏通清理渠道，但是水力不宽广，只有泾阳、三原、礼泉三县能受到灌溉之利，仅灌溉田地三万九千余亩，高陵县就不再有灌溉的便利。丙申年（公元一八九六年）我奉命来担任陕西巡抚，熟知这渠道没有充分发挥它的功利，想恢复旧功绩而有利于百姓生活。和李乡垣藩台商议这事，筹集提取国库钱币，能够向朝廷请示。乃分别发公文动员各营官兵，一同出力担运清理，堵塞的地方疏通它，淤积的地方者排除它。修复截渡山泉水各石桥，以防沙石；开凿张家山大王庙后等处新土渠三道，截取山水，使不到处冲刷，用来保护渠岸。又派官员督促召集民夫，分别修通泾阳、三原、高陵、礼泉四县民渠，来扩大水利流向。

工程将竣工但是天下大雨，自六月到十月不停止，泾河水屡次涨漫，渠道又堑堵——这是因为原来修建的琼珠、倒流二座石堤低下；同时中渠井位置逼近泾河水，井口空虚，泥沙容易进入。于是命令加高二堤；封闭井口，以防泾河水倒灌。又勘明大、二、三龙眼内有石渠，上有流泉，就是明代广惠渠引泾入渠旧道；四龙眼内旧有石堤，阻断泾水。乃疏通大、二、三龙眼，来引出长流的泉水，而更进一步加固四龙眼的堤防。又修石囤（以盛石竹笼垒成坝），收集鸣玉泉水进入渠道，以扩大水源。清除新淤积的，维修倒塌的，更疏通支渠并恢复高陵废弃的渠道，艰难经营，事情得以粗略完成，增加灌溉田地十万亩。于是就地长期筹集经费，以供给每年维修；设立各县渠总，用专职要求办成维修事务；在社树海角寺设立龙洞渠公所，以便开会商议；酌定章程，以求流传久远。每年夏秋两季，由泾阳县水利县丞召集率领泾阳县渠总，就近督促按同样员额设专业渠工，按每月三旬，随时割除渠中水草；九月十五，各县渠总会集公所，勘验渠道及各渡水石桥、截水土渠。遇有小工程，随时修理，只许动用息银。如果工程较大，则先行核实估计，禀报上官等待批准，斟酌提取所存本金，竣工造册上报。我用这些方式为渠道做长远的规划。后来的官员，希望真正能倡导率领地方官员，更多地筹集经费，使得以后小工程不再动用国库的钱；稽查现有章程的实施，使它不会废弃，更要按时补救使灌溉面积扩大到前所未有的规模。使渠道之功利覆盖到万民身上，把这恩泽留传到后世，这就是我的厚望啊。

这工作始于戊戌（公元一八九八年）三月，竣于已亥（公元一八九九年）暮春，共动用国库白银四千九百九十余两。首倡这件事的人是严金清道台，主持这件事是贺培芳县丞，督促这工程开展的是谭其详总兵、龚炳奎参将、刘琦参将、箫世禧游擊。

时任职泾阳的人是张凤岐知县，三原则是欧炳琳知县，高陵则是徐锡献知县，礼泉则是张树谷知县。始终帮助这件事是则是于天锡绅士。我已经嘉奖参与工程的人参与有成绩。再记载这事情在碑石上，用来告诉后来在这地方作官的人。

第二部分　近现代碑文

李仪祉塑像

泾惠渠頌并序碑

撰文：楊虎城　書丹：宋聯奎

年代：民國二十六年（公元一九三七年）

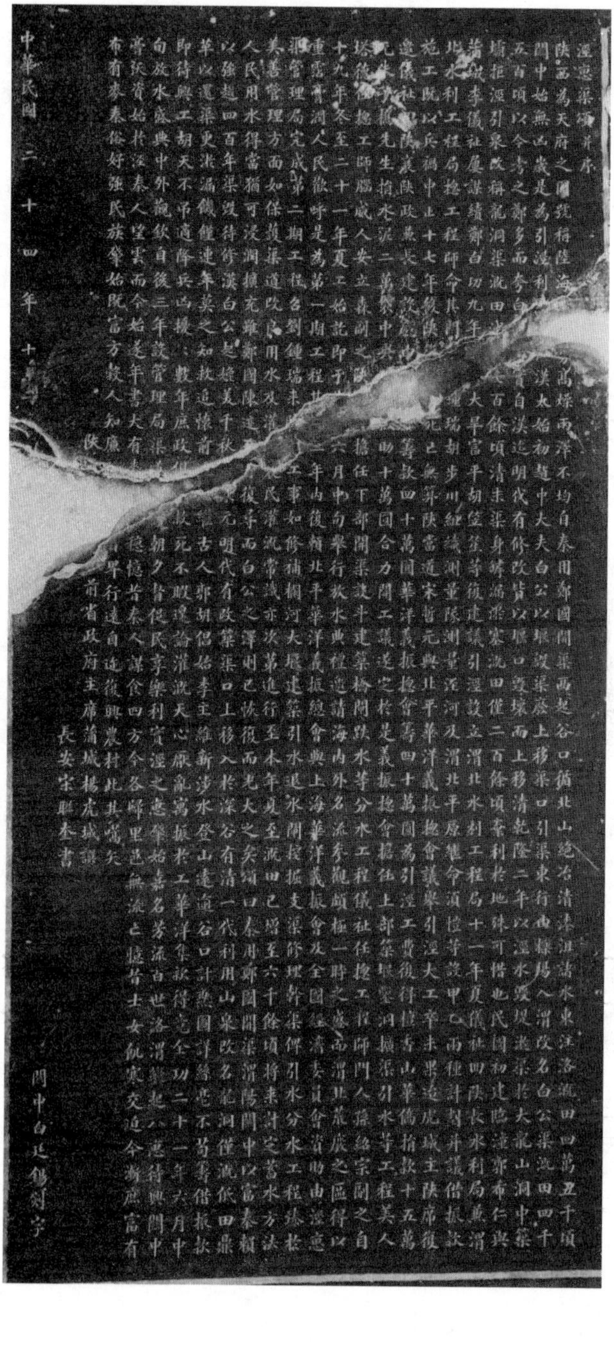

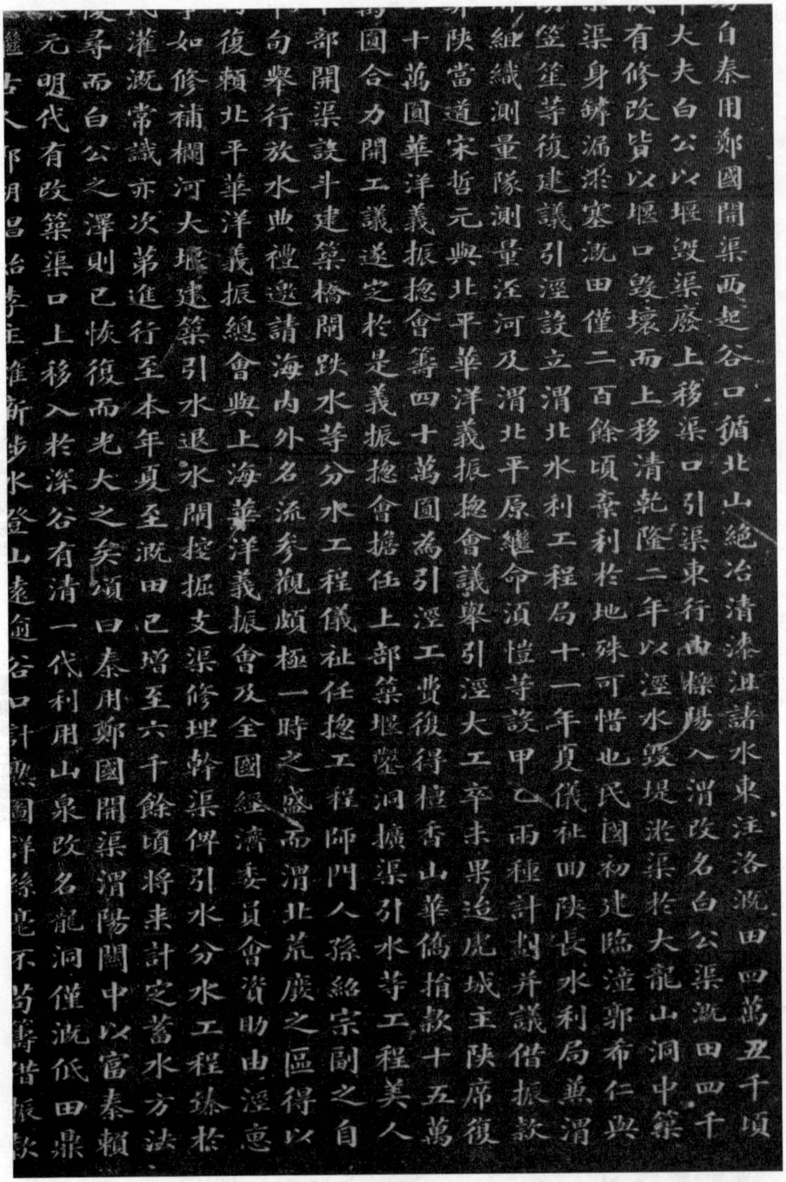
白秦用鄭國開渠西起谷口循北山絶冶清漆沮諸水東注洛溉田四萬五千頃
大夫白公以堰毀渠廢上移渠口引渠東行由櫟陽入渭改名白公渠溉田四千
有修改皆以堰口毀壞而上移清乾隆二年以涇水毀堤洮渠於大龍山洞中築
渠身鑄漏淤塞溉田僅二百餘頃棄利於地殊可惜也民國初建臨潼郭希仁與
笠笙等復建議引涇設立渭北水利工程局十一年夏儀祉回陝長水利局兼渭
組織測量隊測量涇河及渭北平原繼命須愷等設甲乙兩種計劃并議借振款
陝當道宋哲元與北平華洋義振總會議舉引涇大工卒未果迨虎城主陝席復
十萬圓華洋義振總會籌四十萬圓為引涇工費復得檀香山華僑捐款十五萬
圓合力開工議遂定於是義振總會擔任上部築堰鑿洞擴渠引水等工程美人
部開渠設斗建築橋閘跌水等分水工程儀祉任總工程師門人孫紹宗副之自
句舉行放水典禮邀請海内外名流參觀頗極一時之盛而渭北荒廢之區得以
復賴北平華洋義振總會與上海華洋義振會及全國經濟委員會資助由涇惠
如修補欄河大堰建築引水退水閘控掘支渠修理幹渠俾引水分水工程臻於
灌溉常識亦次第進行至本年夏至溉田已增至六千餘頃將來計定蓄水方法
尋而白公之澤則已恢復而光大之矣頌曰秦用鄭國開渠渭陽關中以富秦賴
元明代有改築渠口上移入於深谷有清一代利用山泉改名龍洞僅溉低田鼎

碑文局部

【碑文】 陜西爲天府之國〔一〕，號稱陸海〔二〕；顧地势高燥，雨澤不均。自秦用鄭國開渠，西起谷口，循北山绝冶、清、漆、沮諸水，東注洛，灌田四萬五千頃，關中始无凶歲，是為引涇利民鼻祖。漢太始初，趙中大夫白公以堰毁渠廢，上移渠口，引渠東行，由櫟陽入渭，改名白公渠，溉田四千五百頃。以今考之，鄭多而夸，白少而實。自漢迄明，代有修改，皆以堰口毁壞而上移。清乾隆二年，以涇水毁堤淤渠，於大龍山洞中築壩，拒涇引泉，改稱龍洞渠，灌田减至七百餘頃。清末，渠身罅漏淤塞，溉田僅二百餘頃，弃利於地，殊可惜也。

民國初建，臨潼郭希仁與蒲城李儀祉，屢謀續鄭白功。九年，渭北大旱，富平胡笠僧等復建議引涇，設立渭北水利工程局。十一年夏，儀祉回陜，長水利局兼渭北水利工程局總工程師。命其門人劉鐘瑞、胡步川組織测量隊，测量涇河及渭北平原；繼命須愷等設甲乙兩種計劃，并議借振〔三〕款施工，既以兵禍中止。十七年後，陜復大饑，死亡無算。陜當道宋哲元與北平華洋義振總會，義舉引涇大工，卒未果。

迨虎城主陜席。復邀儀祉回陜，襄陜政，兼長建设廳。由陜政府籌款四十萬元，華洋義振總會籌四十萬元，為引涇工費。復得檀香山華橋捐款十五萬元，朱子橋先生〔四〕捐水泥兩萬袋，中央政府撥助十萬元合力開工，議遂定。於是義振總會擔任上部築堰、鑿洞、擴渠引水等工程，美人塔德任總工程師，腦威（挪威）人安立森副之；陝政府擔任下部開渠、設斗、建築橋閘、跌水等分水工程，儀祉任總工程師，門人孫紹宗副之。自十九年冬至二十一年夏工始訖，即於是年六月中旬舉行放水典禮，邀請海内外名流参觀，頗極一時之盛。而渭北荒廢之區，得以重沾膏潤，人民歡呼，是為第一期工程。其後三年内復賴北平華洋義振總會與上海華洋義振會及全國涇濟委員會資助，由涇惠渠管理局完成第二期工程。召劉鐘瑞來陝襄工事，如修補攔河大堰，建築引水退水閘，挖掘支渠，修理干渠，俾引水、分水工程臻於美善。管理方面，如保護渠道，改良用水及灌輸農民灌溉常識，亦次第進行。至本年夏至，灌田已增至六千餘頃，將来計定蓄水方法，人民用水得當，猶可浸潤擴充。雖鄭國陳迹不可復尋，而白公之澤，則已恢復而光大之矣。

頌曰：秦用鄭國，開渠渭陽，關中以富。秦賴以强。越四百年（五），渠毁待修，漢白公起，媲美千秋。歷宋元明，代有改築，渠口上移，入於深谷。有清一代，利用山泉，改名龍洞，僅溉低田。鼎革以還（六），渠更淤漏，饑饉連年，莫之知救。追懷前迹，思繼古人，郭胡倡始，李主维新。涉水登山，遠逾谷口，計熟圖詳，絲毫不苟。籌借振款，即待興工，胡天不吊（七），適降兵凶。擾擾數年，庶政俱廢，救死不暇，遑論灌溉。天心厭亂，寓振於工（八），華洋集款，得竟全功。二十一年，六月中旬，放水盛典，中外觀欽。自後三年，設管理局，渠道修護，朝夕督促。民享樂利，實涇之惠，肇始嘉名，芳流百世。洛渭繼起，八惠待興，關中膏沃，资始於涇。秦人望雲（九），而今始遂，年書大有，麥結兩穗。憶昔秦人，謀食四方，今各歸里，邑無流亡。憶昔士女，饑寒交迫，今漸庶富，有布有麥。秦俗好強，民族肇始，既富方穀，人知廉耻。登高自卑，行遠自邇，復興農村，此其嚆矢（十）。

陝西綏靖主任前省政府主席楊虎城撰

長安宋聯奎書

關中白廷錫刻字

中華民國二十四年十二月

【背景】 本碑始作于民国二十四年（公元一九三五年）十二月，至二十六年（公元一九三七年）三月落成。

杨虎城将军撰《泾惠渠颂并序》，碑文概述了引泾灌溉的悠久历史，并着重记载了泾惠渠兴建的艰难历程，歌颂了泾惠渠建成后的灌溉效益和灌区的繁荣景象。

泾惠渠的兴建，是郑国渠以来历代引泾灌溉工程的继续和发展。是我国近代水利大师李仪祉先生亲自主持、采用现代科学技术，创建的大型农田水利工程。全部工程分两期实施：自一九三零年十二月开工至一九三二年六月第一期工程告竣。经陕西省府政务会议决定命名为『泾惠渠』；自一九三三年至一九三四年第二期工程完成。实现了恢复郑白业绩的宏愿。工程建设和灌溉管理都发生了历史性的变化，渠首引水流量十六秒立米，灌溉礼泉、泾阳、三原、高陵、临潼五县农田六十四万亩，粮棉产量成倍增加，灌区工农业蓬勃发展，为陕西农田水利事业奠定了基础，成为我国北方半干旱地区以多沙河流为水源灌溉的典型灌区。

【注释】

〔一〕『天府之國』：自然条件优越，形势险固，物产富饶的地方。颜师古注：财物所聚谓之府，言关中之地物产饶多，可备赡给故称天府。

〔二〕『陸海』：指关中陆地富饶，如海之物产丰富一样，故云陆海。

〔三〕『振』：通赈，救济之意。

〔四〕『朱子橋先生』：名庆澜，字子桥。祖籍浙江绍兴，生于山东历城。近代爱国将领和著名的社会慈善家，曾任四川副都督、黑龙江代理都督，广东省长，国民政府财务委员会委员长等职。一九四一年在西安病逝，葬于陕西长安县韦兆村西。

〔五〕『越四百年』：应为『越百卌年』之误。考郑国渠成于秦始皇十年（公元前二三六年），白渠起于汉太始二年（公元前九五年），相去一百四十一歲，持整数合为一百四十之大数。卌：（音细，四十）。

〔六〕『鼎革以還』：鼎革者更新去旧，亦指改朝换代。此处指辛亥革命以来。

〔七〕『胡天不吊』：慨叹语，犹言『天为什么这樣不和善啊！』不吊，语出《诗经·小雅节南山》：『不吊昊天，乱靡有定，式月新生，俾民不宁。』这里是慨叹因兵祸中断了引泾工程。

〔八〕『寓振於工』：即以工代赈。

〔九〕『望雲』：仰望白云，随所感而有不同含义。这里指盼望农业丰收的意思。

〔十〕『嚆矢』：响箭声，比喻新生事物的开端或先声。

涇惠渠碑跋碑（前碑的碑陰）

撰文：李儀祉　書丹：趙玉璽

年代：民國二十六年（公元一九三七年）

涇惠渠碑跋

甚矣成事之難也引涇之事自□倡倡始繼之者迭有人然十餘年未能實施至丁民

十七暨十九數年大旱饑饉流□而莫之救迨虎城主席乃毅然爲之時余任導淮要

職亦決然舍棄歸而相助誠以□火之舉不容漠視之也既蒙多方之義舉亦望庶民

之子來經營之始由涇原高醲□縣組織引涇水利協進會冀人民有財者輸財無財者

輸力乃進行五閱月協進會一□所展旋以省令撤之時大饑之餘全陝各縣之困苦有十

倍於五縣者各縣人民含痛茹□省府同仁刻苦奮勵以竭蹶所得之資不惜費之於引涇

一事第一期工費合計為款一□伯二十萬四千餘元其後又繼之四十二萬一千餘元總計

全工共糜款一伯六十二萬□千餘元一不出於受惠諸縣工程進行之中每以小故而生

阻碍功成之後食其利者又每以水費輸納爲爭持此豈重念公益者所應有哉且水利負

擔無論政府管理與人民自管皆莫能省免奮寧之黃河渠每畝負擔五角至七角甘肅之

水輪灌溉開辦每畝攤至二十元修理費每年每畝亦三四角今涇惠渠水費多者每年每

畝五角少至一角其有特殊情事尚可請核減免政府體念民生不可謂不至而仍有未諒

解者庸詎知全省應興之水利尚有許多為人民謀安阜國家謀富庶皆不能不以次舉辦

倘政府年年耗巨款而無所補益其將何以為繼哉讀楊公虎城之文不禁感慨係之蒲城

李協跋　興平趙玉璽書

中華民國二十六年三月下浣　立

【碑文】 甚矣！成事之難也。引涇之事，自希仁、笠僧倡始〔一〕，繼之者迭有人，然十餘年未能實施。至丁民十七暨十九數年，大旱饑饉，流亡載道，而莫之救。

迨虎城主席，乃毅然為之。時余任導淮要職，亦決然舍弃歸而相助，誠以救民水火之舉不容漠視之也。既蒙多方之義舉，亦望庶民之子來經營之〔二〕。始由涇、原、高、醴、臨五縣，組織『引涇水利協進會』，冀人民有財者輸財，無財者輸力。乃進行五閱月，『協進會』一無所展，旋以省令撤之。時大饑之餘，全陝各縣之困苦，有十倍於五縣者，各縣人民，含痛茹辛，省府同仁，刻苦奮勵，以竭蹶所得之資，不惜費之於引涇一事。第一期工費合計為款一百二十萬四千餘元；其後又繼之四十二萬一千餘元，總計全工共縻款一百六十二萬五千餘元。一不出於受惠諸縣。工程進行之中，每以小故而生阻礙；功成之後，食其利者，又每以水費輸納為爭持。此豈重念公益者所應有哉？且水利負擔，無論政府管理與人民自管，皆莫能省免。套寧之『黄河渠』，每畝負擔五角至七角；甘肅之水輸灌溉，開辦每畝攤至三十元，修理費每年每畝亦三、四角。今涇惠渠水費，多者每年每畝五角，少至一角，其有特殊情事，尚可請核減免。政府體念民生，不可謂不至，而仍有未諒解者。庸詎知全省應興之水利尚有許多，為人民謀安阜，國家謀富庶，皆不能不以次舉辦，使政府年年耗巨款而無所補益，其將何以為繼哉！讀楊公虎城之文，不禁感慨系之。

蒲城李協跋　興趙玉璽書

中華民國二十六年三月下浣立

【背景】 李仪祉先生撰写了《泾惠渠碑跋》刻于《泾惠渠颂并记》碑阴，阐述了经管者之苦衷，以劝勉后继之人不忘创业的艰难。

【注释】

（一）『希仁、笠僧倡始』：即郭希仁、胡笠僧两位民国初期陕西军政府大员，倡议引泾灌溉大业。李仪祉于一九一三年二月再次赴德留学时，适逢陕西军政府高等顾问郭希仁奉命赴欧洲考察，请李仪祉任翻译，同行欧洲诸国，看到德、法、荷兰等国水利发展，国家富强，深受感动。郭乃建议李改学水利（李仪祉先生原系因兴修西潼铁路培养人材而赴德留学的），李先生于是决定入丹泽工业大学专供水利。一九一五年学成回国，受聘于南京河海工程专门学校任教。一九一七年，郭希仁兼任陕西省水利分局局长，矢志振兴水利，思复郑白旧观，曾草测地形拟就引泾计划，并求助于李仪祉。一九二一年，陕西靖国军领导人于右任、胡笠僧，建议利用赈灾余款，兴办引泾灌溉工程，成立『渭北水利委员会』，公推社会名流李仲三为会长，力促李仪祉回陕任总工程师。此时郭希仁病重，更盼李先生回陕，实施振兴陕西水利事业的宿愿。一九二二年郭世后，李仪祉继任陕西省水利分局局长职务。

〔二〕『庶民之子来經營之』：语出《诗经·大雅·文王》：『庶民子来，经之营之，不日成之……』诗意是西周时代人民拥护周文王，文王修灵沼灵台（用以游观和观天象），人民热情出工，很快就修成了。碑跋作者回忆修泾惠渠时，人民积极拥护踊跃投劳的情形。

朱子橋碑

碑題：楊虎城　撰文：華洋義振會

年代：民國二十年（公元一九三一年）

【碑文】 本會以陝西渭北旱災頻仍，議決舉辦引涇工程，以資救濟。蒙華北聯合慈善會委員長朱子橋大力贊助，捐贈唐山洋灰二萬袋，此橋即以洋灰建之。橋成因名『朱子橋』〔一〕，以作紀念云。

華洋義賑會 志

【注释】

〔一〕『朱子橋』：（公元一八七四年～一九四一年），名庆澜，字子桥。浙江山阴人，是我国近代著名的爱国将领和社会慈善家。

李儀祉先生墓碑

碑題：蔣鼎文

年代：民國三十年（公元一九四一年）

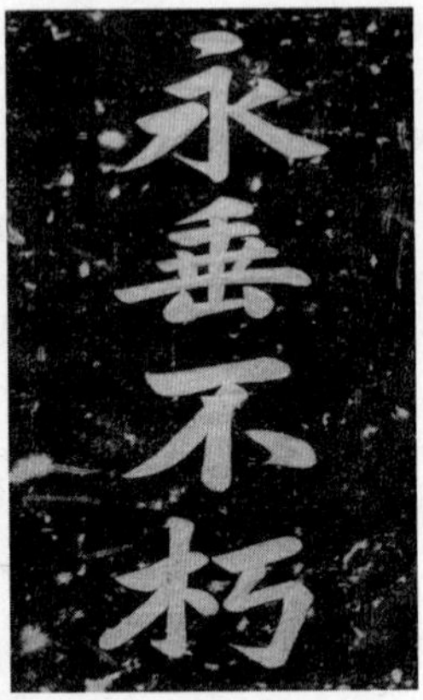

碑头

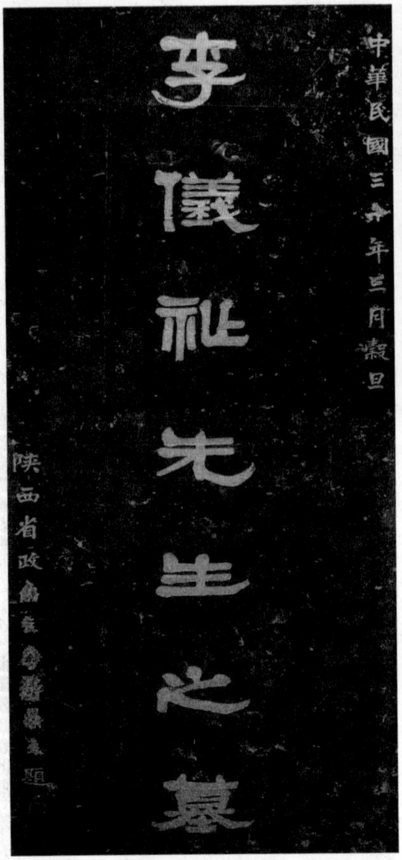

碑身

【背景】 此碑是隆重纪念先生逝世三周年之期所立。立于先生灵寝墓冢前。碑石正面碑头镌刻着『永垂不朽』，碑身镌刻着『李儀祉先生之墓』，陕西省政府主席蒋鼎文题。

國民政府命令（褒扬令）碑

錄文：孫紹宗　書丹：寇遐

年代：民國三十年（公元一九四一年）

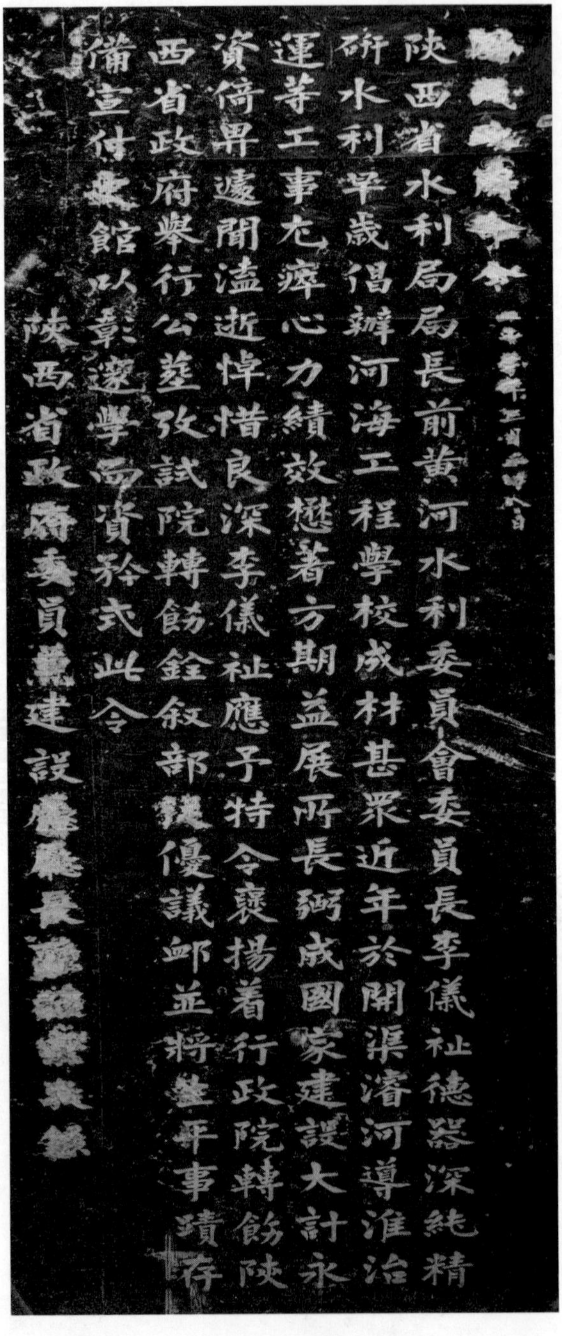
陝西省水利局局長前黃河水利委員會委員長李儀祉德器深純精
研水利早歲倡辦河海工程學校成材甚眾近年於開渠濬河導淮治
運等工事尤瘁心力績效懋著方期益展所長弼成國家建設大計永
資倚畀遽聞溘逝悼惜良深李儀祉應予特令褒揚着行政院轉飭陝
西省政府舉行公葬交試院轉飭銓敘部
優議卹並將生平事蹟存
備宣付史館以彰遺學而資矜式此令
陝西省政府委員
建設

【碑文】 陝西省水利局局長、前黄河水利委員會委員長李儀祉，德器深純[一]，精研水利。早歲倡辦河海工程學校，成材甚眾。近年於開渠濬河、導淮治運等工事，尤瘁心力，績效懋著。方期益展所長，弼成國家建設大計，永資倚畀[二]。遽聞溘逝，悼惜良深。李儀祉應予特令褒揚。着行政院轉飭陝西省政府舉行公葬。考試院轉飭銓敘部從優議卹，并將生平事蹟存備宣付史館，以彰邃學，而資矜式[三]，此令。

陝西省政府委員兼建設廳廳長孫紹宗敬録

【背景】 此碑是『李儀祉先生墓碑』碑阴，记载着：国民政府命令（褒扬令），陕西省政府委员兼建设厅厅长孙绍宗敬录。书石人未留名，后经陕西省书法协会负责同志刘自椟认定，蒲城县文史资料证实，书石人是已故陕西著名书法家寇遐[四]手笔。

【注释】

〔一〕『德器深純』：品德高尚，造诣很深。

〔二〕『永資倚畀』：永远凭借、依靠，即国家建设大计有所依赖的意思。

〔三〕『矜式』：尊重效法。文中『以彰邃學，而資矜式』的意思是用以表彰其精深的学识，而示敬重并作为楷模仿效之。

〔四〕『寇遐』：陕西蒲城县人，民国初期陕西同盟会革命活动家。新中国成立后，曾任陕西省人民政府委员。他对书法造诣很深，独具一格，尤以隶书见长。杨虎城墓碑、王卓亭墓碑，均出自寇遐手笔。而西安『人民大厦』四个金光闪闪的大字，被誉为寇遐晚年最后的杰作。

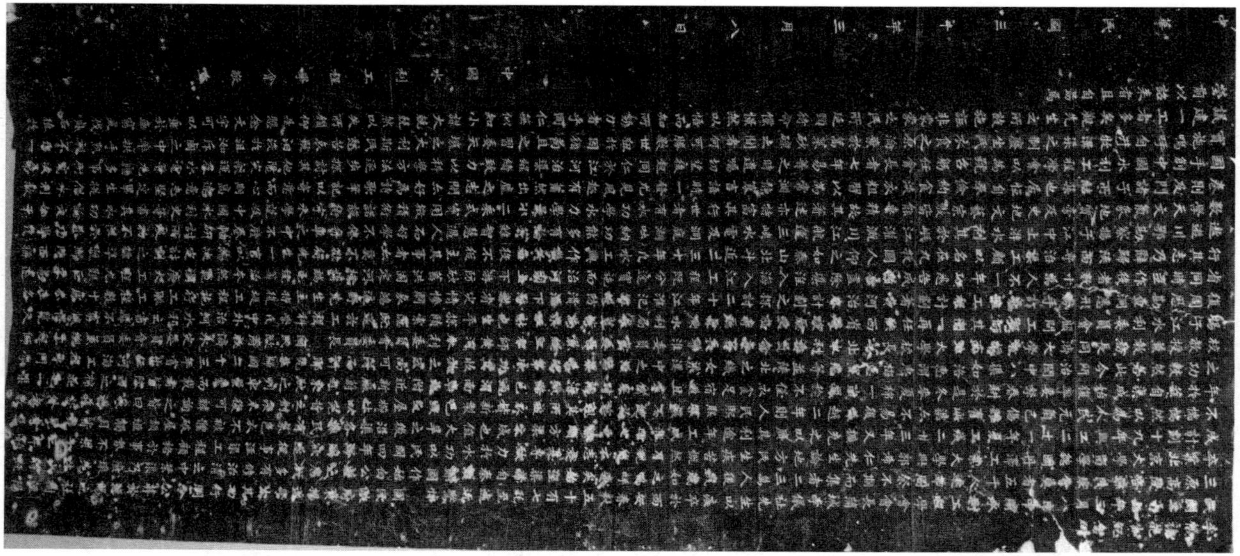

李儀祉先生紀念碑

撰文：中國水利工程學會

年代：民國三十年（公元一九四一年）

年功悉告成[illegible][illegible]盡除導淮入海入江工程既分途
以名在九牧國人仰之如泰山北斗近三十年凡
利其於岷江灌溉川江航運三峽水電及洞庭湖吐
藝宗毅皆能專精故其著述亦特富其行世者有水
奉儉約食淡衣粗習以為常淵靜寡言語時一發尤
號名躬任會長者七年易簀之時遺囑切望後起同
民衣食之原淪棄於蒿萊砂礫之間者何可勝數世

碑文局部

【碑文】 民國二十七年三月八日，中國水利工程學會會長蒲城李儀祉先生以疾卒於西安，春秋五十有七。耗至，遠近驚悼，國民政府褒揚邃學，大其功行，明令公葬於涇陽之社樹。涇陽、三原、高陵各縣民衆會奠者五千人。逾年周祭不期而集者二、三萬人，后歲歲如之。嗚呼！盛矣！

始涇渠肇自秦漢，鄭國作始，白公踵之，歷代多有修治。清之中葉，渠乃廢壞。先生少時既卒業北京大學，留學德國丹澤工業大學，與郭希仁先生論地方民生疾苦，慨然有規復之志，於是專致力於水功，以民國四年歸國，欲遂從事涇渠工程，顧格於事勢不果。十三年始成計劃，十九年興工，二十一年夏工成；二十三年又擴充之，以廣其利，逾年功成，溉田七千餘頃。方渠之成也，值大旱之後，沿渠各縣民有菜色，衣不被體，破屋頹垣，觸目皆是，見者莫不惴惴然，以為人民元氣已傷，雖有此渠亦不易復蘇。越二年，則人民熙熙攘攘不絕於途，視其所被衣皆新制，已毀之屋，櫛比以完，昔之創痕，不復可辨。詢之，皆曰：我逃荒於外者數年，於兹自渠成始復率妻孥春耕，於是冬麥夏棉一歲再稔（一），不僅衣食足，宿逋且盡償矣（二）。時隴海鐵路已通，渭南車站附近，新廠蔚起，東駛之列車，累累而載者，皆陝西之棉花也。一渠之功，較然若此。今所治關中『八惠』，如洛惠、渭惠、梅惠、黑惠等，并陝北之織女渠，漢中之漢惠渠，已次第成功，其收效之宏，尚可得而計耶！

先生歸國二十三年，嘗出任河海工程專門學校教授兼教務長，同濟大學教授，西北大學校長，華北水利委員會委員長，導淮委員會委員兼總工程師，黃河水利委員會委員長，國民政府救濟水災委員會委員兼總工程師，揚子江水利委員會顧問工程師。其間一再任陝西省建設廳長、教育廳長及水利局長，蓋皆為渠工計也。生平探賾索隱〔三〕，既邃於工程科學，凡中外治河水利之書，靡不窮搜博覽，又復周歷勘查，洞悉形勢，手訂《導淮工程計劃》，著《黃河治本計劃之探討》。二十年江淮泛濫，堤防潰溢，下游數省災情慘劇，哀鴻遍野，先生主持復堤工程，施行工賑。工程數十處，分在各省，同時并作，役者數十萬人。不一年，功悉告成，積潦盡除。導淮入江、入海工程，即分途實施，而河則上下游防沙蓄洪，固定河槽，諸端已統治本。然範圍廣大，工程尤艱巨，不易遂行其志，乃辭歸陝西專治渠工。顧以名在九牧〔四〕，國人仰之如泰山北斗。

近二三十年，凡水工興作，幾於無役不從。主要事者，亦莫不欲得先生一言，以為決定計劃之標準。既歸陝西猶遨遊川鄂，勘查揚子江中上游水利；其於岷江灌溉、川江航運、三峽水電及洞庭湖吐納功能，多有論著。雖智慧過人而好學不倦，舟車之中，不廢卷軸。研討所及，初不限於水功，舉凡數學、天文、氣象、地質，旁及史地、文藝、宗教，皆能專精。故其著述亦特富。其行世者有：《水功學》、《水力學》、《最小二乘式》、《實用微積術》、《諸謨術》、《宇冰學說》及《中國水利史》等書。其水功論文如千卷，則及門諸子所結集也。居恆自奉儉約，食淡衣粗，習以為常。淵靜寡言，語時一發，尤見風趣，有蕭然出塵之志。間亦好為詩歌筆記以寄意，而心期高遠，意志堅定，畢生提倡水利救國，手創中國水利工程學會以為號召，躬任會長者七年。易簀（五）之時遺囑，切望後起同仁，於江河治導繼續致力，以科學方法，逐步探討；其他防災航運及水電等，尤應多事研究，次第實施。

嗚呼！自井牧溝渠之制度廢，生民衣食之源，淪弃於蒿萊砂礫之間者何可勝數！世狃於因循苟且之習，委天壤之大利，斯民愁苦哀號，汩沒於沮洳斥鹵之中，率拱手熟視，不出一議、建一共者多矣！觀先生之所設施，詎非蒙蒙之民所延頸待命，儻憬然以悟而知所努力者乎！同仁無似知小謀大，兢兢然以失所鑽仰（六），是愳念文字可以垂於無窮，爰伐貞石，植於塋前以詔來者，且自勖焉。

中國水利工程學會敬立

中華民國三十年三月八日

【背景】 本碑由中国水利工程学会敬立，碑文概述了我国近代著名水利科学家李仪祉先生的丰功伟绩，对先生致力于陕西水利乃至全国水利工程的贡献，给予高度的评价，如文中所言：『顾以名在九牧，而国人仰之如泰山北斗。」

与本碑同时落碑的，还有陕西省水利局等单位和门人弟子敬立的碑石：李先局长仪祉先生墓表、仪师事迹记、仪翁李老夫子德教碑，从诸多方面详尽地记述了仪祉先生的生平事迹和人民对先生深厚的爱戴之情。这些碑文充分反映了李仪祉先生热爱祖国、奋发图强、艰苦创业、鞠躬尽瘁的奉献精神和光辉形象，为我们继承和发扬中华民族自强不息、艰苦奋斗的优良传统和作风，提供了生动的典型史料。

【注释】

〔一〕『一歲再稔』：一年两季丰收

〔二〕『宿逋且盡償矣』：拖欠的债务都清还了。

〔三〕『探賾索隱』：賾隐者幽深莫测、隐秘难见。即探究深远的和搜索奥妙的科学道理。

〔四〕『九牧』：即九州。古代把天下分为九州，即冀、兖、青、徐、杨、荆、豫、梁、雍。各州的长官称牧，故曰九牧。

〔五〕『易簀』：古时称病人将死的时候为易簀之时。语出《礼记・檀弓上》。

〔六〕『鑽仰』：钻研，仰望。语出《论语·子罕》：仰之弥高，钻之弥坚。后常用以表示对有名望人的钦佩之意。钻仰喻高坚。

李先局長儀祉先生墓表碑

撰文：行业诸单位

年代：民国三十年（公元一九四一年）

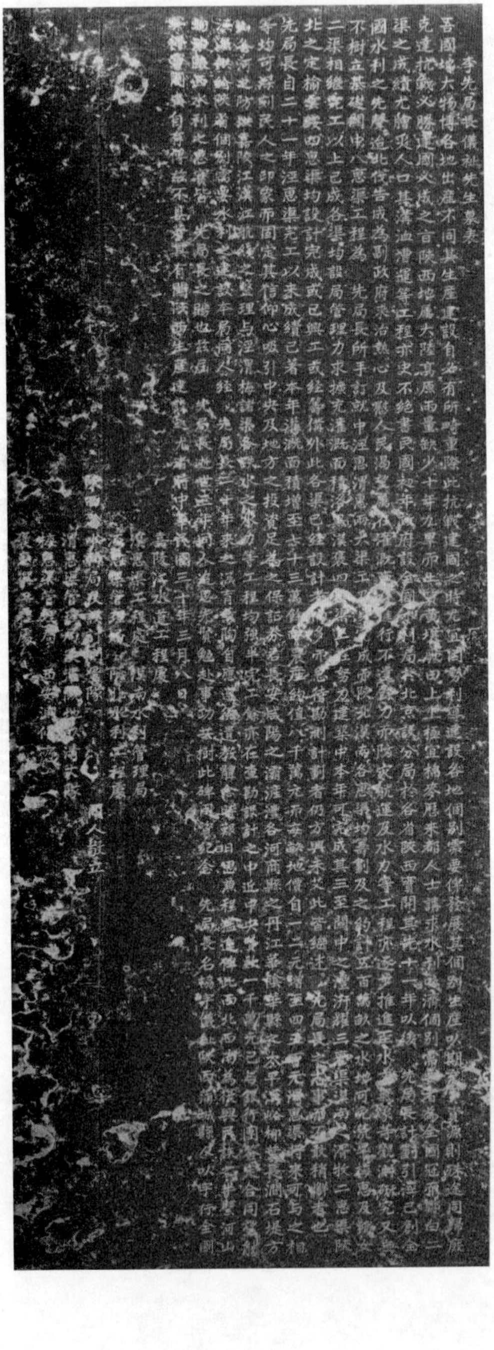

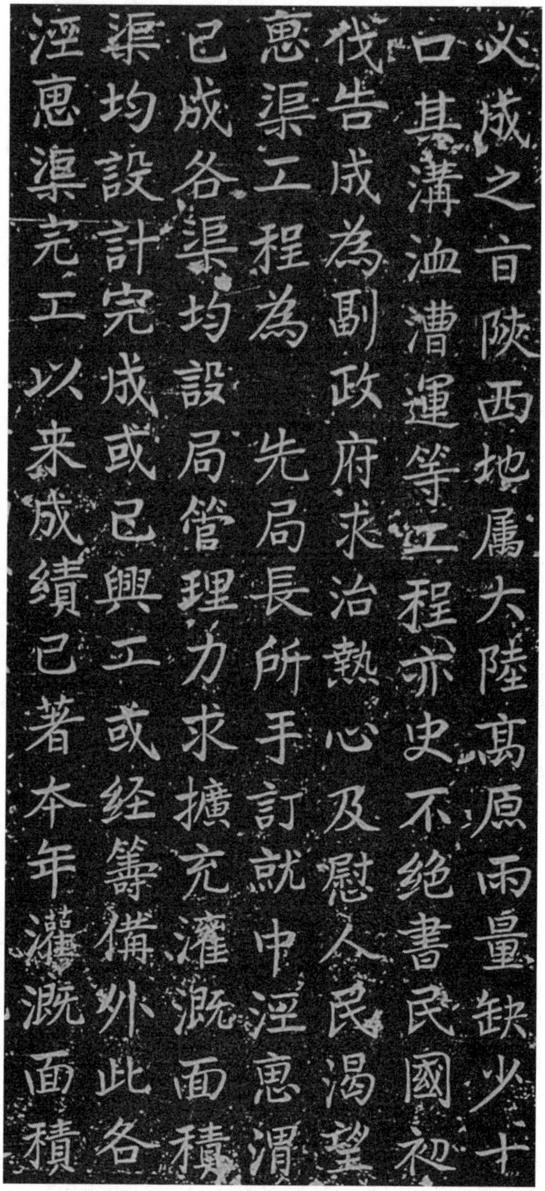
必成之旨陝西地屬大陸高原雨量缺少十
口其溝洫漕運等工程亦史不絕書民國初
伐告成為副政府求治熱心及慰人民渴望
惠渠工程為 先局長所手訂就中涇惠渭
已成各渠均設局管理力求擴充灌溉面積
渠均設計完成或已興工或经籌備外此各
涇惠渠完工以来成绩已著本年灌溉面積

碑文局部

【碑文】 吾國地大物博，各地出產不同，其生產建設自必有所畸重。際此抗戰建國之時，尤宜因勢利導，建設各地個別需要，俾發展其個別生產，以期充實資源，則殊途同歸，庶克達抗戰必勝建國必成之旨。

陝西地屬大陸高原，雨量缺少，十年九旱，而土質黃壤，厥田上上，極宜棉麥。歷來都人士〔一〕講求水利，以濟個別需要者為全國冠。而鄭白二渠之成績，尤膾炙人口，其溝洫漕運等工程，亦史不絕書。民國初年，政府設全國水利局於北京，設分局於各省，陝西實開其先。十一年以後，先局長計劃引涇，已創全國水利之先聲。迨北伐告成，為副政府求治熱心及慰人民渴望，屬在灌溉事業進行不遺餘力，而防災航運及水力等工程，亦逐步推進，至水文氣象觀測研究又無不樹立基礎。『關中八惠渠』〔二〕工程，為先局長所手訂，就中涇惠、渭惠兩大渠工乃身完成。而陝北、漢南各惠渠均籌劃及之，約計五百萬畝之水地可免荒旱。梅惠及織女二渠相繼完工。以上已成各渠，均設局管理，力求擴充灌溉面積。洛、黑、漢、褒四惠渠正在努力建築中，本年可完成其三。至關中之澧、汧、耀三惠渠，漢南之湑、牧二惠渠，陝北之定、榆、雲、綏四惠渠，均設計完成，或已興工或經籌備外，此各渠已經設計者□多，而急待勘測計劃者仍方興未艾。此皆繼述先局長之志事，而不敢稍懈者也。

先局長自二十一年涇惠渠完工以來成績已著，本年灌溉面積增至七十三萬餘畝，農產約值八千萬元，而每畝地價自一、二元增至四、五百元。渭惠渠將來可與之相等，均可深刻民人之印象，而固定其信仰心，吸引中央及地方之投資足為之保證券。若長安、咸陽之灞、浐、灃各河，商縣之丹江，華陰縣之太平溝峪，柳葉長澗石堤，方山各河之防洪，嘉陵江、漢江航綫之整理，與涇、渭、梅諸渠各跌水之水力等工程，均強半完工，餘亦在查勘設計之中。近中央貸款一千萬元，已與銀行團簽定合同，望能源源供給陝省個別需要水利之建設。本局同人，經先局長二十年來之涵育薰陶，自應遵循遺教，體念時艱，日思兼程猛進，俾此西北、西南為復興民族之半壁河山，均沾陝西水利之惠，實皆先局長之賜也。

茲屆先局長逝世三年，同人追思先賢，勉赴事功，共樹此碑，用資紀念。先局長名協、字儀祉，陝西蒲城縣人，以字行全國。其行實國史自有傳，茲不具著，其有關陝西生產建設之尤者。

時中華民國三十年三月八日

嘉陵江水道工程處　漢惠渠工程處　漢南水利管理局

涇惠渠管理局　陝北水利工程處

陝西省水利局及設計測量隊同人敬立

渭惠渠管理局及灌溉地畝清丈隊 西安測候所
梅惠渠管理局 褒惠渠工程處

【注释】

〔一〕『都人士』：泛指居于京师有士行的人。都者，亦指首领、头面人物。明清时代对总督、巡抚官简称都。这里指陕西地方的行政长官。

〔二〕『關中八惠渠』：指陕西中部地区的泾、洛、渭、梅、黑、涝、沣、泔等八个引水灌溉工程。

儀師事蹟記碑

撰文：河海工程專門學校　書丹：李靜庵

年代：民國三十年（公元一九四一年）

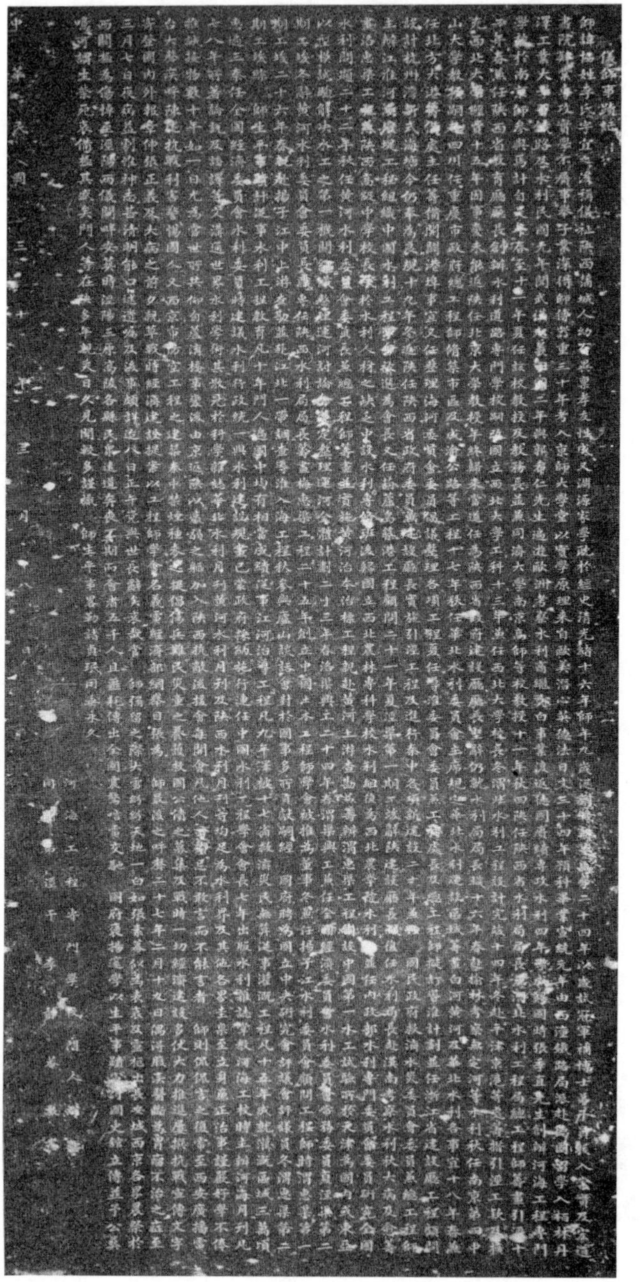

育廳廳長創辦水利道路專門學校嗣陞國立
年因事變未能返陝任北京大學教授年終歸
任重慶市政府總工程師脩築市區及成渝公
任籌備開闢港埠事宜又任整理海河委員會
今仍奉為良規十九年冬返陝任陝西省政府
程組織中國水利工程學會被選為會長又任
高級中學校長[illegible]於水利人材之缺乏中設水

碑文局部

【碑文】 師諱協，姓李氏，字宜之，後稱儀祉，陝西蒲城人，幼有异稟，孝友性成，又淵源家學，耽於經史。清光緒十六年，師年九歲，從劉時軒先生學。二十四年，以歲試冠軍，補博士弟子員拔入崇實及宏道書院肄業，專攻實學，不屑事舉子業，深得師傅器重。三十年，考入京師大學堂，以實學原理來自歐美，潛心英、德、日文，三十四年，預科畢業。宣統元年，由西潼鐵路局派赴德國留學，入柏林丹澤工業大學習鐵路及水利。

民國元年，聞武漢起義回國，二年，與郭希仁先生遍游歐洲考察水利，商繼鄭白事業，復返德國庚續，專供水利，四年學成歸國。時張季直[一]先生創辦河海工程專門學校於南京，師參與焉。計自是年春至十一年夏，任該校教授及教務長，并兼同濟大學、南京高師等校教授。十一年秋回陝，任陝西省水利局局長兼渭北水利工程局總工程師，籌劃引涇。十二年春兼任陝西省教育廳廳長，創辦水利道路專門學校，嗣改國立西北大學工科。十三年，兼任西北大學校長，冬渭北水利工程設計完竣。十四年冬，赴平、津、京、滬等處，籌措引涇工款及擴充西北大學經費。十五年，因事變未能返陝，任北京大學教授。年終歸來，當道任為陝西省政府建設廳廳長，堅辭，仍就水利局局長職。十六年春，赴榆林考察無定河等水利，秋任南京第四中山大學教授。嗣赴四川任重慶市政府總工程師，修築市區及成渝公路等工程。十七年秋，任華北水利委員會主席，規定華北水利建設區域，籌劃白河、黄河及華北水利各事宜。十八年春，兼任北方大港籌備處主任，籌備開闢港埠事宜，又任整理海河委員會委員，倡議整理各項工程。夏任導淮委員會委員兼公務處長及總工程師，擬定《導淮計劃》。并任浙江省建設廳工程顧問，設計杭州灣新式海塘，今仍奉為良規。十九年冬返陝，任陝西省政府委員兼建設廳長，實施引涇工程及進行秦中各項新建設。二十年，兼任國民政府救濟水災委員會兼總工程師，主辦江淮河漢復堤工程，組織中國水利工程學會，被選為會長，又任葫蘆島築港工程顧問。二十一年夏，涇渠第一期工竣，辭陝建設廳長職，復任水利局長。赴漢南考察水利，秋大病及愈，籌劃洛惠渠工程，兼陝西高級中學校長，感於水利人材之缺乏，中設水利專修班，後歸國立西北農林專科學校水利組，復為西北農學院水利系，并任內政部水利專門委員會委員，研究全國水利問題。二十二年秋，任黃河水利委員會委員長兼總工程師，籌劃并實施黃河治本治標工程，親赴黃河上游查勘，兼籌辦渭惠渠工程。創設中國第一水工試驗所於天津，為國內或東亞以型模試驗解決水工之第一機關。組織整理運河討論會，厘定整理運河全體計劃。二十三年春，洛渠興工，二十四年春，渭渠興工，兼任全國經濟委員會水利委員會常務委員。夏涇渠第二期工竣。冬辭黃河水利委員會委員長職，專任陝西水利局局長，籌劃梅惠渠工程。二十五年，創立中國土木工程師學會，被推為董事，冬兼任揚子江水利委員會顧問工程師。時渭惠渠第一期工竣。二十六年春，親赴揚子江中上游查勘，并赴江北一帶調查導淮入海工程。秋參與廬山談話會，對於國事，多所貢獻。嗣經國府聘為國立中央研究會評議會評議員。冬渭惠渠第二期工竣。

綜師生平事迹，計從事水利工程教育凡十年，門人遍國中，均有相當成績。從事江河治導工程凡九年，澤被十七省。救濟災民無算。從事灌溉工程凡十五年，成就灌溉區域三萬頃，惠遍三秦〔二〕。任全國經濟委員會水利委員時，建議水利行政統一與水利建設規劃，已蒙政府采納實施。連任中國水利工程學會會長七年，出版《水利雜誌》。掌教河海工校時，主辦《河海月刊》凡七、八年。所著論說及翻譯等文，溝通世界水利學術。其散見於《科學雜誌》、《華北水利月刊》、《黄河水利月刊》及《陝西水利月刊》等，均足為水利界及其他各界圭臬〔三〕。至立身廉政，治事謹嚴，好學不倦，推誠接物，數十年如一日，尤為當世所共仰。自廬溝橋事變後，由京返陝，以羸弱之軀，加入陝西抗敵後援會，每開會凡他人所顧忌，不敢言而不能言者，師則侃侃言之。復常至西安廣播電臺大聲疾呼，陳述抗戰利害，警惕國人。又西京市防空工程之建築，秦中禁煙種麥之提倡，傷兵難民災童之養護，救國公債之募集及戰時一切經濟建設，多仗大力推進。屢撰抗戰宣傳文字，寄登國内報章，伸張正義。及大病之前夕，親草戰時經濟建設提案，以工程師學會名義，電經濟部，綱舉目張，為師最後之呼聲。

二十七年二月十九日偶得腹疾，醫斷為胃瘤不治之症，至三月七日夜病益劇，惟神志甚清明，能口述遺囑及後事頗詳。迨八日正午竟與世長辭矣。哀哉！當師彌留之際，大雪紛紛，天地一白，如張素幕，似為表哀。及靈柩出長安城，西京各界，晨祭於西關，極為傷悼。至涇陽兩儀閘畔安葬時，涇陽、三原、高陵各縣民眾遠道奔喪，不期而會者五千人。且噩耗傳出，全國震驚，唁電交馳。國府褒揚邃學，以生平事迹宣付國史館立傳，并予公葬。噫！可謂生榮死哀，備極其盛矣！門人等在陝多年，親炙日久見聞較多，謹識師生平事略，勒諸貞珉用垂永久。

中華民國三十年三月八日

河海工程專門學校門人　鞠躬

同研弟涇干李靜庵　敬書

張朝璐　劉秉璜　張思奎

胡步川　鄭耀西□□□

門人劉鐘瑞　劉文虎　張光□　敬立　孫紹宗　沙玉清　陳□奇

宋文田　李心錦　房寶德

【注释】

〔一〕『張季直』：即张謇（公元一八五三～一九二六年）字季直，号蔷庵。江苏省南通市人。我国近代著名的实业家和近代治水的先驱。清光绪二十年殿试，策问水利河渠要旨，由于他的文章融古贯今准确无误，受皇帝赏识，由会试六十名擢为头名状元。毕生关心水利事业，曾著书论述大运河、珠江、河套水利以及黄河、长江的治理，特别注重治导工程，由光绪二十九年（公元一九〇三年）起直到民国十三年（公元一九二四年），先后二十二年担任全国水利总局总裁、导淮总局督办、江苏新运河督办等要职。河海工程专门学校于民国四年成立于南京，由呼吁筹建到成立开学，均由张謇主持。李仪祉先生是建校初期的教授、教务长，先后任教七年之久，培养了我国首批水利工程技术人材。

〔二〕『三秦』：秦亡以后，项羽三分秦故地关中，封秦降将章邯为雍王，领有今陕西咸阳以西地区；司马欣为塞王，领有今陕西咸阳以东地区；董翳为翟王，领有今陕西北部地区；合称〔三秦〕。本文所谓〔三秦〕，泛指陕西全省。

〔三〕『圭臬』：事物的准则、法度；办事的章程。

儀翁李老夫子德教碑

撰文：楊炳坤　書丹：楊風晴

年代：民國三十年（公元一九四一年）

儀師逝世之三年，心喪雖闋，追悼無已。同學勒石紀念，屬望為文。望謭陋少學，且吾師之功業道德文章，自有國史立傳以紀其[illegible]而[illegible]代[illegible][illegible]多為天[illegible]

項不啻百千，以亦足以彪炳不朽矣，固無俟小子贅言，有涉阿好。茲謹述我同學之所受教於師者，以誌不忘可也。師於民國十一年夏由南京回陝，[illegible]督陝

水利人材缺乏，遂於水利局附設水利道路工程專門學校，招收學子，肄業後併入西北大學為工科。此我同學從師受學之始。[illegible]師長陝水利局，又兼長

教育廳及西北大學，公務繁頤，日無暇晷，至授本科學課，必躬親講授，曾未少缺。其受各師又多師之受人，門下亦均能仰體師[illegible][illegible]不倦，故同學對師不

敢不勤奮受教。畢業[illegible]，師之所至，或[illegible][illegible][illegible]並多追隨左右，如家人父子。[illegible][illegible][illegible][illegible]先後達十餘年，方冀景承有賴，事務日增，乃以[illegible][illegible][illegible][illegible]州衰

湯，吾師即慨然以捐資募債，救國紓難[illegible]己[illegible]卒[illegible]憂憤成疾，二豎為災，天不慭遺，[illegible]志以歿，[illegible][illegible]所[illegible][illegible]年以來，各同學均能於水利道路事業[illegible][illegible][illegible]

惟每遇疑難不決之問題，無由請質，輒惘惘然若有所失，益令人追念不置。今[illegible]自[illegible][illegible]遺[illegible]教永矣，非渝力求繼述，以慰[illegible]師在天之靈，則此石之立為不

虛。[illegible]感愴，書此並系以詞。詞曰：

於維儀師，賦質特奇，情深胞與，惠切溺飢。鄭白事蹟，待人而為。水工設教，克樹厥基。維余小子，適會其時。[illegible][illegible]質疑，親起[illegible]隨，景承訓誨，相[illegible]戒規。

[illegible]師大業，乃成功虧，孰意中道，師[illegible]世辭。八惠渠利，未竟設施。我師已往，責任伊誰。[illegible][illegible][illegible]敢負所期。今茲紀念，伐石勒碑。永師之德，永世[illegible]遺。

【碑文】 儀師逝世之三年，心喪(一)雖闋，追悼無已。同學勒石紀念，屬堃為文，堃譾陋少學，且吾師之功業、道德、文章，自有國史立傳以紀其實，而當代賢達類多鴻文稱頌，不啻百千，此亦足以彪炳不朽矣。固無俟小子贅言，有涉阿好。茲謹述我同學之所受教於師者，以誌不忘可也。

師於民國十一年夏由南京回陝，視吾陝水利人材缺乏，遂於水利局附設水利道路工程專門學校，招收學子肄業，後併入西北大學為工科，此我同學從師受學之始。時師長陝西水利局，嗣又兼長教育廳及西北大學，公務繁頤，日無暇晷。至授本科學課，必躬親講授，曾未少缺。其它各師，又多師之及人(二)門下，亦均能仰體師意，授課不倦。故同學等即不敢不勤奮受教。業既竟，師足跡所至，或本省或外省，並多追隨左右，如家人父子恩義兼摯，先後達十餘年。方冀禀承有賴，業務日增。乃以倭患遽興，神州震蕩，吾師即慨然以捐資募債救國紓難為己任，卒至憂憤成疾。一豎(三)為灾，天不慭遺，賫志(四)以歿，悲夫！

所幸三年以來，各同學均能於水利道路事業貢獻國家，惟每遇疑難不決之問題無由請質，輒惘惘然若有所失，益令人追念不置。今後自當謹遵遺教，永矢弗渝(五)，力求繼述，以慰吾師在天之靈，則此石之立為不虛已！感懷書此並系以詞。詞曰：

於維儀師，賦質特奇，情深胞与，志切溺飢(六)。鄭白事蹟，待人而為，水工設教，克樹厥基(七)。

維余小子，適會其時，擔簦負笈〔八〕。競起追隨。稟承訓誨，相向箴規〔九〕，佐師大業，力戒功虧。孰意中道，師與世辭，八惠渠利，未竟設施。我師已往，責任伊維，繼述志事，敢負所期。今兹紀念，伐石勒碑，報師之德，永世靡遺。

王冀純 楊純 楊炳坤 李應泰 常均 張嘉瑞 受業陳靖等同立石
周克容 孫增榮 傅健 員銘新 賈盛義 □□

【注释】

〔一〕『心喪』：古时老师逝世后，弟子不穿孝服，只在心中悼念，叫心丧。

〔二〕『叐人』：朋友。叐是友的古体字。

〔三〕『二豎』：病魔。《左传·成公十年》：公疾病，求医于秦，秦伯使医缓为之，未至。公梦疾为二竖子曰：（彼良医也，惧伤找，焉逃之？）其一曰：（居肓之上，膏之下，若我何？）后因以二竖称病魔。

〔四〕『賫志』：怀志未遂。

〔五〕『永矢弗渝』：矢通誓，渝者变，即永世不变的心意。

〔六〕『志忉溺饑』：忧念人民的疾苦。忉（dao 音刀），忉忉：忧愁焦虑。

〔七〕『克樹厥基』：用尽心思培养人材，为国家建设事业打好基础。

〔八〕『擔簦負笈』：担簦：背着雨伞。负笈：带著书箱。谓随师跋涉在实践中学习真知。

〔九〕『相向箴規』：相互之间规谏勤勉。

儀翁李老夫子德教碑跋碑（前碑的碑陰）

撰文：趙玉璽　書丹：楊風晴

年代：民國三十年（公元一九四一年）

【碑文】 嗚呼！此諸生為儀祉李公所立德教碑也。昝人云：『莫為之前，雖美弗彰；莫為之後，雖盛弗傳』。公為事業可謂前後皆有為之者，其彰也有自，其傳也將無窮矣。陝西有水利局，在民國六年，希仁郭公實開其先，余曾與同事，中經六年之部署，購儀器籌引涇，蓋創計而未定也。希仁病篤，特召公自南京回陝，余又為之代交局事。公任余如郭公，踵其前事，定計引涇。又念如此巨工，非有大量專材，不足以資驅遣，遂即本局內附設專科學校，以教學者。其時公長校事，余督學兼教國文，其專科各教師如胡君竹銘、須君君悌、顧君子濂、陸君丹右、蔡君亮工均能罄所學以為教。故公所造就及身，果得其收獲，而大業有所裨補。今公歿三年矣，及門諸子類能繼公志事，早有成績。兹又樹碑紀念，以誌不忘。余雖老尚健，今後當盡力督導，俾各自奮前程，則公之事業永垂不朽，而余亦与有光榮焉。公名協，蒲城人，卒於民國二十七年三月八日，葬於涇惠渠兩儀閘之北畔。蓋遺命（一）云。

愚弟興平趙玉璽敬跋

【注释】

〔一〕『遗命』：对死者遗言的敬称。这里指李仪祉先生安葬于泾阳县境泾惠渠两仪闸之北畔，是根据先生的遗言而决定的。

紀實碑

撰文：涇惠渠管理局

年代：公元一九九二年

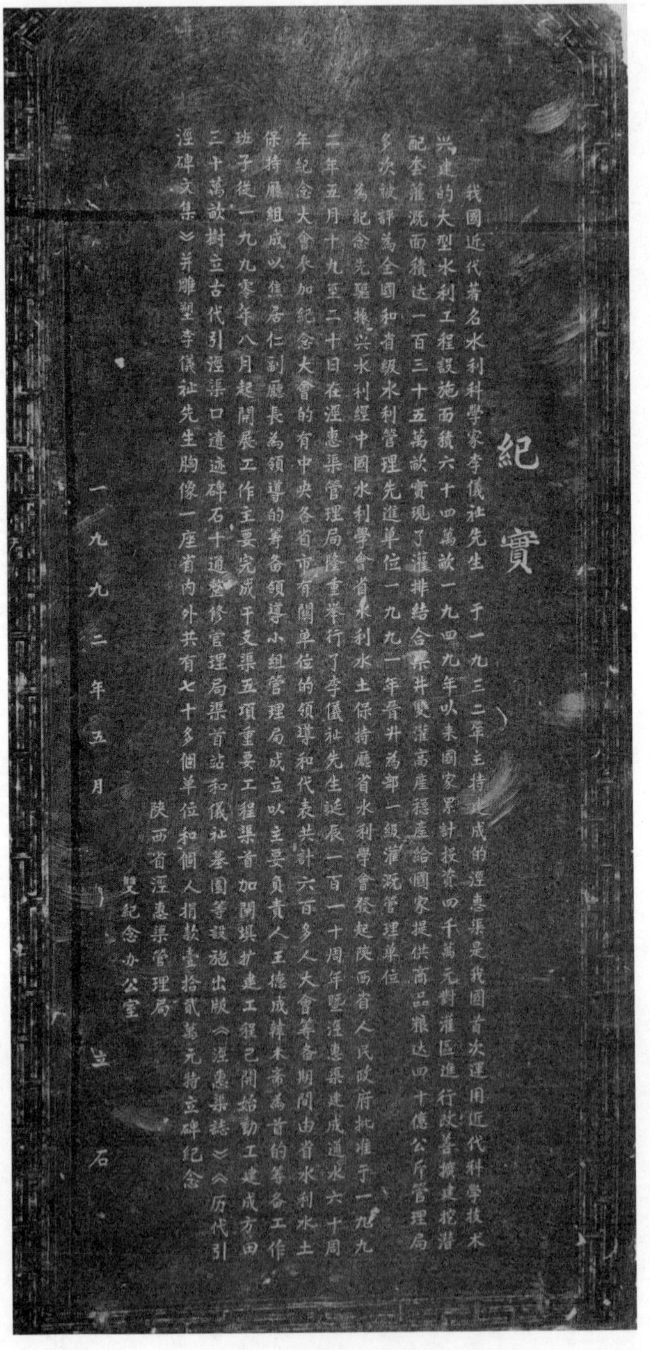
紀實
我國近代著名水利科學家李儀祉先生于一九三二年主持建成的涇惠渠是我國首次運用近代科學技術
兴建的大型水利工程設施面積六十四萬畝一九四九年以来國家累計投資四千萬元對灌區進行改善擴建挖潜
配套灌溉面積达一百三十五萬畝實现了灌排結合渠井雙灌高産穩産給國家提供商品粮达四十億公斤管理局
多次被評為全國和省級水利管理先進單位一九九一年晋升為部一級灌溉管理單位
為紀念先驅振兴水利經中國水利學會省水利水土保持廳省水利學會發起陝西省人民政府批准于一九九
二年五月十九至二十日在涇惠渠管理局隆重舉行了李儀祉先生誕辰一百一十周年暨涇惠渠建成通水六十周
年紀念大會參加紀念大會的有中央各省市有關单位的領導和代表共計六百多人大會筹备期間由省水利水土
保持廳組成以焦居仁副廳長為領導的筹备領導小組管理局成立以主要負責人王德成韓未斋為首的筹备工作
班子從一九九零年八月起開展工作主要完成干支渠五項重要工程渠首加固與扩建工程已開始動工建成方田
三十萬畝樹立古代引涇渠口遺迹碑石十通整修管理局渠首站和儀祉墓園等設施出版《涇惠渠誌》《历代引
涇碑文集》并雕塑李儀祉先生胸像一座省内外共有七十多個單位和個人捐款壹拾貳萬元特立碑紀念
陝西省涇惠渠管理局
暨紀念办公室
一九九二年五月　立石

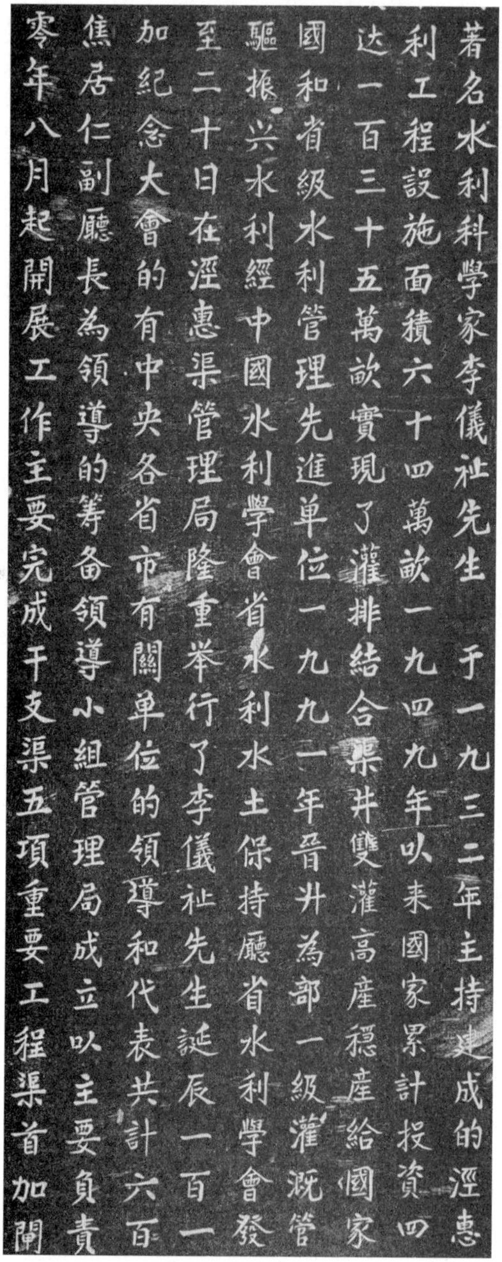

著名水利科學家李儀祉先生于一九三二年主持建成的涇惠
利工程設施面積六十四萬畝一九四九年以来國家累計投資四
达一百三十五萬畝實現了灌排結合渠井雙灌高産穩産給國家
國和省級水利管理先進单位一九九一年晋升為部一級灌溉管
驅振兴水利經中國水利學會省水利水土保持廳省水利學會發
至二十日在涇惠渠管理局隆重举行了李儀祉先生誕辰一百一
加紀念大會的有中央各省市有關单位的領導和代表共計六百
焦居仁副廳長為領導的籌备領導小組管理局成立以主要負責
零年八月起開展工作主要完成干支渠五項重要工程渠首加閘

碑文局部

【碑文】 我國近代著名水利科學家李儀祉先生于一九三二年主持建成的涇惠渠是我國首次運用近代科學技术兴建的大型水利工程，設施面積六十四萬畝。一九四九年以来，國家累計投資四千萬元對灌區進行改善擴建挖潛配套，灌溉面積達一百三十五萬畝，實現了灌排結合、渠井雙灌高產穩產。給國家提供商品粮达四十億公斤。管理局多次被評為全國和省級水利管理先進单位。一九九一年晉升為部一級灌溉管理单位。

為紀念先驅，振兴水利，經中國水利學會、省水利水土保持廳、省水利學會發起，陝西省人民政府批准于一九九二年五月十九至二十日在涇惠渠管理局隆重举行了李儀祉先生誕辰一百一十周年暨涇惠渠建成通水六十周年紀念大會。參加紀念大會的有中央各省市有關单位的領導和代表共計六百多人。大會筹备期間由省水利水土保持廳組成以焦居仁副廳長為領導的筹备領導小組，管理局成立以主要負責人王德成、韓木斋為首的筹备工作班子，從一九九零年八月起開展工作，主要完成干支渠五項重要工程，渠首加閘填扩建工程已開始動工建成，方田三十萬畝樹立古代引涇渠口遺迹碑石十通，整修管理局渠首站和儀祉墓園等設施，出版《涇惠渠志》、《歷代引涇碑文集》，并雕塑李儀祉先生胸像一座。省内外共有七十多個单位和個人捐款壹拾貳萬元。特立碑紀念。

陝西省涇惠渠管理局
雙紀念办公室
一九九二年五月　立石

李儀祉紀念館碑記碑

撰文：王锋　書丹：雷珍民

年代：公元二〇一二年

李儀祉紀念館碑記

秦人治水，源遠流長。夏商時
期后稷後人公劉與古公亶父察勘水
源，引泉灌田。西周用水興利漸多，
涉及灌溉和京城供水。秦代修建鄭
國渠，與四川都江堰、廣西靈渠齊
名，關中自此無兇年，沃野千里，
秦以富強，卒並諸侯，促成一統大
業。白公渠、鄭白渠造就漢唐盛世。
其後歷朝歷代在水利方面各有建樹。
秦人興水利、除水害，留下了許多
治水遺產，積累了寶貴的治水經驗，
展現了古代先民改造山河的偉大壯
舉和聰明才智，成為水利人永遠奮
發前行的不竭動力。
民國十八年陝西大旱，赤地千里，
餓殍遍野，民不聊生。李儀祉先生
在時任陝西省政府主席楊虎城將軍
和社會各界的鼎力支持下，勇克時
艱，百折不撓，興修了以涇惠渠為
代表的"關中八惠"水利工程，新
增灌地三百三十六萬畝，開創了中
國近現代水利建設之先河。先生畢
生以治水為志，承鄭白之風，效大
禹之業，心系百姓，勤勉先行，著
述辦學，甘冒引涇，治黃導淮，整
治運河，足迹遍布江河湖海，福祉
澤被大江南北，無愧為中國近現代
水利先驅。殊功早入河渠志。先生
為陝西人民和中國水利事業做出的
不朽功勳，在父老鄉親心目中樹立
了永遠的豐碑，先生高風亮節的人
格品德和矢志爲民的崇高精神，在
三秦大地廣為傳頌，令人無限敬仰。
每逢清明時分，或先生誕辰、忌日，
涇水之濱，仲山之傍，瞻仰群眾紛
至而來，憑吊祭奠，深表崇敬和懷
念之情。
中華人民共和國成立後歷屆省委
省政府積極踐行"興秦先興水"戰
略，先後建成了寶雞峽、馮家山、
石頭河、東雷抽黃等一大批重大水
利工程，對改變農業靠天吃飯局面
起到了決定性作用。二零一一年，
黨中央、國務院作出了《關於加快
水利改革發展的決定》，強調水是生
命之源、生產之要、生態之基，將
水利提升為國家戰略地位。陝西省
委書記趙樂際提出"盛世修水利、
水利興盛世"的興陝方略，省委省
政府要求舉全省之力在水利建設方
面奮戰幾件大事和實事。引漢濟渭
調水、渭河陝西段全線整治、涇河
東莊水庫和延安榆林引黃等重大工
程相繼開始建設，榆林王圪堵、延
安南溝門、咸陽斗口水庫和安康東

【碑文】 秦人治水，源遠流長。夏商時期后稷後人公劉與古公亶父察勘水源，引泉灌田。西周用水興利漸多，涉及灌溉和京城供水。秦代修建鄭國渠，與四川都江堰、廣西靈渠齊名，關中自此無兇年，沃野千里，秦以富強，卒並諸侯，促成一統大業。白公渠、鄭白渠造就漢唐盛世。其後歷朝歷代在水利方面各有建樹。秦人興水利、除水害，留下了諸多治水遺產，積累了寶貴的治水經驗，展現了古代先民改造山河的偉大壯舉和聰明才智，成為水利人永遠奮發前行的不竭動力。

民國十八年，陝西大旱，赤地千里，餓殍遍野，民不聊生。李儀祉先生在時任陝西省政府主席楊虎城將軍和社會各界的鼎力支持下，勇克時艱，百折不撓，興修了以涇惠渠為代表的『關中八惠』水利工程，新增灌地三百三十六萬畝，開創了中國近現代水利建設之先河。先生畢生以治水為志，求鄭白之願，效大禹之業，心系百姓，勤勉先行，著述辦學，凿渭引涇，治黃導淮，整治運河，足跡遍布江河湖海，福祉澤被大江南北，無愧為中國近現代水利先驅。殊功早入河渠志。先生為陝西人民和中國水利事業做出的不朽功勳，在父老鄉親心目中樹立了永遠的豐碑；先生高風亮節的人格品德和矢志為民的崇高精神，在三秦大地廣為傳頌，令人無限敬仰。每逢清明時分，或先生誕辰、忌日，涇水之濱，仲山之傍，灌區群眾紛至而來，憑吊祭奠，深表崇敬和懷念之情。

中華人民共和國成立後，歷屆省委省政府積極踐行『興秦先興水』戰略，先後建成了寶雞峽、馮家山、石頭河、東雷抽黃等一批重大水利工程，對改变農業靠天吃飯局面起到了決定性作用。二零一一年，黨中央、國務院作出了《關於加快水利改革發展的決定》，強調水是生命之源、生產之要、生態之基，將水利提升為國家戰略地位。陝西省委書記趙樂際提出『盛世修水利、水利興盛世』的興陝方略，省長趙正永要求舉全省之力在水利建設方面幹成幾件大事和實事。引漢濟渭調水、渭河陝西段全線整治、涇河東莊水庫和延安榆林引黃等重大工程相繼開始建設，榆林王圪堵、延安南溝門、咸陽亭口水庫和安康東壩防洪、南山支流整治、農村飲水安全、中小河流治理、病險水庫除險加固、漢丹江水保治理等一大批民生工程相繼開工，加快貫通引紅濟石調水工程，興起了新一輪水利建設高潮，必將為陝西經濟社會持續發展奠定堅實基礎。

以史為鑒，承古創新。為傳承秦人治水文化，緬懷治水先賢，弘揚儀祉精神，順應群眾呼聲，陝西省人民政府同意修建李儀祉紀念館，展示以鄭國渠為代表的古代水利建設成就，弘揚以儀祉精神為核心的秦水文化，普及以現代科技為先導的水利科技，打造陝西水利發展史的『檔案館』、『活字典』和水利科普教育基地。該工程由陝西省水利廳主持興建，陝西省涇惠渠管理局承建，在原儀祉墓園的基礎上，新建李儀祉紀念館一座，總建築面積逾五千平方米。建設過程中，社會各界合力支援，省內外水利單位慷慨捐助。工程於二零一一年一月八日開工建設，同年十二月三十一日建成。

古今輝映，流存千秋。特立此碑，以示緬懷。

陕西省水利廳廳長　王鋒謹撰

陕西省書法家協會主席　雷珍民書丹

陕西省涇惠渠管理局　敬立

公元二〇一二年三月

【背景】　为弘扬仪祉精神，传承秦水文化，在陕西省委省政府的支持下，陕西省水利厅于二〇一一年一月开工建设李仪祉纪念馆，二〇一二年八月建成对外开放，二〇一四年二月陕西省政府批准为陕西水利博物馆。碑文由陕西省水利厅原厅长王锋撰文，陕西著名书法家雷珍民书丹。全文共计一千二百二十四个字。纪事碑记述了三秦悠久的治水历史，回顾了新中国成立以来陕西水利取得的巨大成就，描绘了陕西『十二五』和未来水利前景，展示了光辉灿烂的秦水文化和勇开先河、锲而不舍的秦人秦地精神，诠释了『善治秦者必治水』、『水利兴盛世，盛世修水利』的真谛，凝结了当代对水利发展的新思考，抒发了三秦儿女对李仪祉等治水先辈的无限崇敬之情。

碑高五六零零毫米，寓意李仪祉先生走过的五十六个春秋，分为七个部分，意味着七级浮屠（七层的佛塔为最高等级，佛家以七级浮屠表示非常大的功德），隐含先生功德无量。基座宽一八八二毫米，碑身三八零零毫米，寓意先生一八八二年出生，一九三八年三月八日去世。

第三部分　楹聯及名人题词

于右任撰聯

『殊功早入河渠志，遗宅仍规水竹居〔一〕』该碑立于仪祉墓园区牌楼主门柱上。

【注释】

〔一〕『水竹居』：唐诗人王维晚年隐居的别墅。位于陕西蓝田县辋川，其地山青水秀，从竹郁郁，风景宜人。于右任先生引用水竹居形容仪祉墓园，其地处泾惠渠畔，形势壮观，环境幽雅。寓意仪祉墓园可与王维别墅媲美。

蒋鼎文撰聯

遺愛難忘記緑樹村邊青山郭外
降神何處在清泉石上明月松間

『遺愛難忘記緑樹村邊青山郭外，降神何处在清泉石上明月松間』该碑立于仪祉墓园区牌楼侧门柱上。

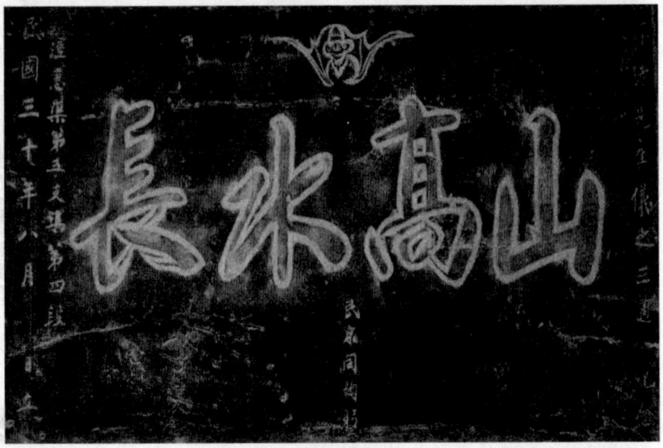

『俎豆千秋』该碑置于仪祉墓碑前。俎豆：古代祭祀、宴会时盛肉类等食品的两

种器皿。《史记孔子世家》：常陈俎豆，设礼容。引申为祭祀和崇奉之意。俎豆千秋：就是世世代代永久纪念。

『山高水長』、『眾望攸歸』均为李仪祉先生逝世三周年时民众送的牌匾。

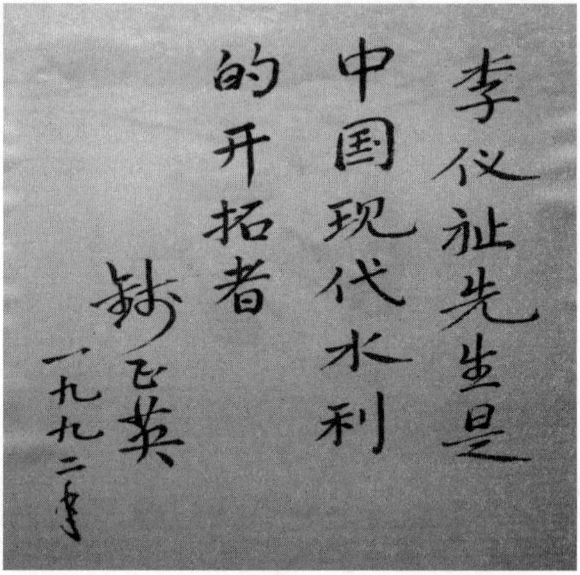

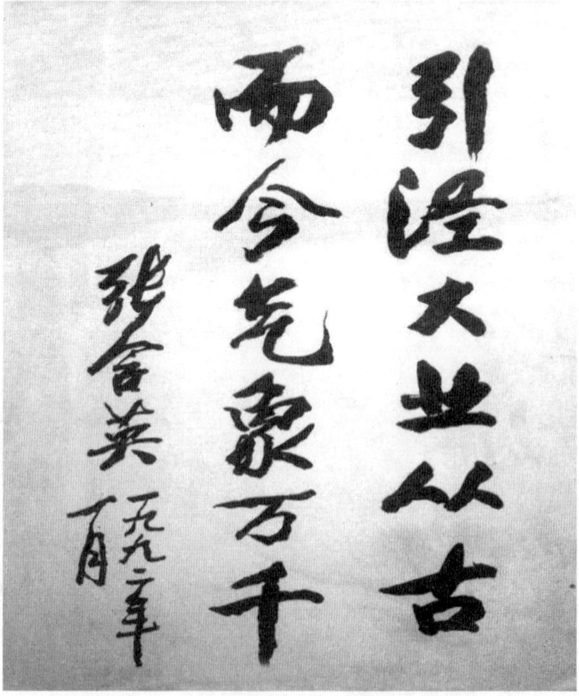

全国政协原副主席、水利部原部长、中国工程院院士钱正英题『李仪祉先生是中国现代水利的开拓者』。

我国近代水利事业的开拓者之一张含英题词『引泾大业从古而今气象万千』。

全国政协原副主席、农工党中央常务副主席陈宗兴撰联并书『治黄導淮保華夏安瀾功追大禹 鑿涇引渭澤三秦沃野惠及萬民』。

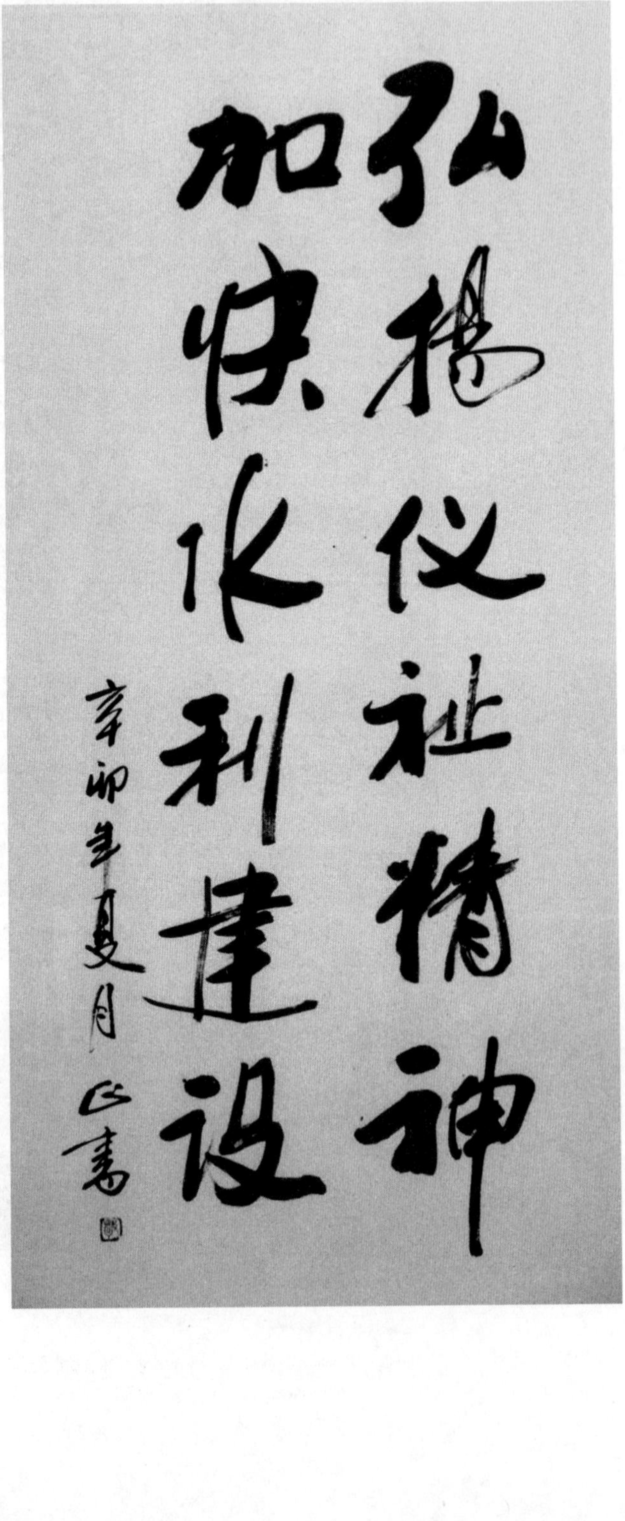

水利部原副部长、中国水利学会理事长敬正书题『弘扬仪祉精神　加快水利建设』。

陕西省水利厅原厅长王锋撰联、陕西著名书法家雷珍民书『敬仰先祖功德盡忠職守 期盼江河安瀾惠澤萬民』。

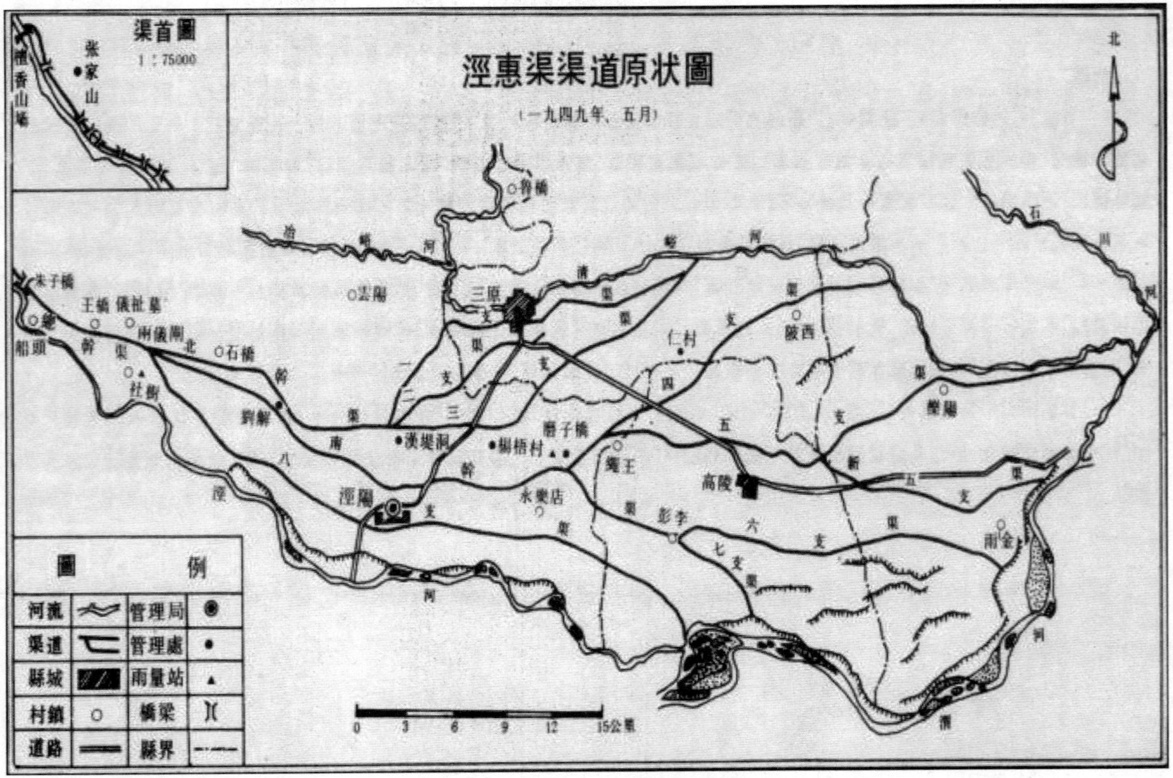

涇惠渠渠道原状圖
（一九四九年、五月）
渠首圖
1∶75000
張家山
禮香山庵
北
圖例
河流
管理局
渠道
管理處
縣城
雨量站
村鎮
橋梁
道路
縣界
0 3 6 9 12 15公里
三原
涇陽
高陵
冶峪河
清峪河
石川河
涇河
渭河
雲陽
魯橋
朱子橋
王橋
儀祉墓
兩儀閘
北幹渠
石橋
社樹
船頭
劉解
南幹渠
漢堤洞
楊梧村
磨子橋
永樂店
鴦王
彭李
仁村
陂西
櫟陽
雨金

泾惠渠首碑亭

李仪祉先生纪念碑

仪翁李老夫子德教碑